# 持續共享思維和情緒健康評量表
## Sustained Shared Thinking and Emotional Well-being（SSTEW）Scale
### 幼兒教育和照顧質量評估（適用於 2-5 歲保教機構）

作者：Iram Siraj　Denise Kingston　Edward Melhuish　　譯者：詹慧妮　朱珊　　審稿：時萍

序：Kathy Sylva　陳保琼

**耀中出版社**
Yew Chung Publishing House

**持續共享思維和情緒健康 (SSTEW) 評量表**

| | |
|---|---|
| 作者 | Iram Siraj　　Denise Kingston　　Edward Melhuish |
| 譯者 | 詹慧妮　　朱珊 |
| 審稿 | 時萍 |
| 審校 | 區凱孃　　羅少容 |
| 責任編輯 | 苗淑敏 |
| 平面設計及排版 | 方子聰 |

| | |
|---|---|
| 出版 | 耀中出版社 |
| 地址 | 香港九龍新蒲崗大有街一號勤達中心 16 樓<br>16/F, Midas Plaza, No. 1 Tai Yau Street, San Po Kong, Kowloon, Hong Kong |
| 電話 | 852-39239711 |
| 傳真 | 852-26351607 |
| 網址 | www.llce.com.hk |
| 電郵 | contact@llce.com.hk |
| 承印 | 香港志忠彩印有限公司 |
| 書號 | 978-988-78352-5-7 |
| 初版 | 2019 年 5 月 |
| 版權所有 | 未經本出版社書面批准，不得將本書的任何部份，以任何方式翻印或轉載。 |

©Iram Siraj, Denise Kingston, Edward Melhuish, and Kathy Sylva 2015

**Acknowledgement：**

This translation of **Assessing Quality in Early Childhood Education and Care** is published by arrangement with UCL Institute of Education Press, University College London: www.ucl-ioe-press.com

**聲明：**

《幼兒教育和照顧質量評估》中文譯本按照與倫敦大學學院教育學院出版社的協議出版：www.ucl-ioe-press.com

## 作者簡介

**Iram Siraj** 是倫敦大學學院教育學院（UCL Institute of Education）的教授，同時是澳大利亞伍倫貢大學（University of Wollongong）的客座教授。她合作帶領「有效的學前、小學和中學教育」（EPPSE）的縱向研究，以及極具影響力的早期教育有效教學法的研究（REPEY），第一次提出了「持續共享思維」（SST）的概念。她是《幼兒學習環境評量表——課程增訂本》（ECERS-E）的合著者，發表了大量關於教育質量、教學法和課程方面的文章。

**Denise Kingston** 是布萊頓大學（University of Brighton）的高級講師、倫敦大學學院教育學院（UCL Institute of Education）的高級研究員。她是一名具有資格的教育心理學家和教師，曾擔任學校的心理學家和顧問教師，包括支持融合教育發展，做過波蒂奇（Portage，一項為有特殊教育需要的學前兒童及其家庭提供的家訪教育服務）的督學和探訪者。她在環境評量表方面有豐富的培訓經驗。

**Edward Melhuish** 是牛津大學（University of Oxford）和倫敦大學伯克貝克學院（Birkbeck, University of London）的教授，也是伍倫貢大學（University of Wollongong）的客座教授。他合作帶領穩步開端（Sure Start）計劃的全國性評估和「有效的學前、小學和中學教育」（EPPSE）項目，目前正在進行早期教育和發展研究（SEED）的項目。他的研究影響了英國和其他國家關於照顧兒童、早期教育、兒童貧困和父母支持方面的政策。

## 致謝

持續共享思維和情緒健康（SSTEW）評量方法，得益於全球各地的專家、從業者和學者的反饋，以及很多人在早期教育環境下的試驗。我們無法提及每個人的名字，但我們要感謝所有投入時間和精力的人，包括布萊頓大學教育學院早期教育專業的教學團隊和碩士研究生們（第 1 階段：2013/2014 年），還要感謝布萊頓領導力與學習合作組織（Brighton Partnership in Leadership and Learning）中早期學科領導聯盟（2013-2014 年）的教師，特別是來自聖盧克小學的 Helen Filson。

我們得到了英國早期教育和發展研究（SEED）項目研究人員的鼎力支持，得到了澳大利亞伍倫貢大學（University of Wollongong）許多教師的大力支持，尤其是 Steven Howard 博士和 Pauline Lysaght 教授。我們感謝澳大利亞新南威爾士州教育和社區部（NSW Department of Education and Communities）的教師，特別是 Philippa Becher 和她的團隊，以及來自麥格理大學（University of Macquarie）的同事，包括 Sandra Cheeseman 在內。我們從倫敦得到了很多同事的反饋，包括肯登區（Camden）的顧問教師 Carol Archer。

我們感謝墨爾本教育研究生院（Melbourne Graduate School of Education）的 Collette Tayler 教授和牛津大學（University of Oxford）Kathy Sylva 教授的鼓勵、建議和支持。

# 目錄

| | |
|---|---|
| 作者簡介 | 5 |
| 致謝 | 5 |
| Kathy Sylva 教授序 | 7 |
| 陳保琼博士序 | 8 |
| 持續共享思維和情緒健康（SSTEW）評量表簡介 | 9 |
| 研發持續共享思維和情緒健康（SSTEW）評量表的理論依據 | 10 |
| 持續共享思維和情緒健康（SSTEW）評量表的內容 | 11 |

**使用前閱讀**

| | |
|---|---|
| 使用持續共享思維和情緒健康（SSTEW）評量表前的準備 | 12 |
| • 使用前的重要指引 | 12 |
| • 作出判斷 | 13 |
|   • 就潛在的積極行為、回應和互動作出判斷 | 13 |
|   • 就潛在的消極行為、回應和互動作出判斷 | 13 |
| • 觀察指引 | 14 |
| • 持續共享思維和情緒健康（SSTEW）評量表的評分標準 | 15 |
|   • 持續共享思維和情緒健康（SSTEW）評量表評分表、概覽和聯合觀察表 | 16 |

| | |
|---|---|
| 子量表 1：建立信任感、自信心和獨立性 | 17 |
| • 項目 1. 自我規範和社會性發展 | 17 |
| • 項目 2. 鼓勵選擇和獨立遊戲 | 19 |
| • 項目 3. 規劃小組和個別互動或成人計劃的活動 | 21 |
| 子量表 2：社會性和情緒健康 | 23 |
| • 項目 4. 支持社會性和情緒健康發展 | 23 |

| | |
|---|---|
| 子量表 3：支持並拓展語言和溝通能力 | 25 |
| • 項目 5. 鼓勵兒童與他人交談 | 25 |
| • 項目 6. 教師積極傾聽兒童並鼓勵兒童傾聽 | 27 |
| • 項目 7. 教師支持兒童使用語言 | 28 |
| • 項目 8. 具有專業敏感性的回應 | 29 |
| 子量表 4：支持學習和批判性思維 | 31 |
| • 項目 9. 支持好奇心和解決問題 | 31 |
| • 項目 10. 通過講故事、分享圖書、唱歌和韻律活動鼓勵持續共享思維 | 33 |
| • 項目 11. 鼓勵在研究和探索中持續共享思維 | 35 |
| • 項目 12. 支持兒童的概念發展和高階思維 | 37 |
| 子量表 5：評估學習和語言 | 39 |
| • 項目 13. 運用評估來支持和拓展學習和批判性思維 | 39 |
| • 項目 14. 評估語言發展 | 41 |
| 持續共享思維和情緒健康（SSTEW）評量表評分表 | 43 |
| 觀察到的室內外區域粗略圖 | 44 |
| 評分表 | 45 |
| 持續共享思維和情緒健康（SSTEW）評量表概覽 | 50 |
| 支持性材料：與持續共享思維和情緒健康（SSTEW）評量表相關的兒童發展內容 | 51 |
| 持續共享思維和情緒健康（SSTEW）評量表的聯合觀察 / 評分者之間的信度 | 62 |
| 參考文獻 | 63 |

# Kathy Sylva 教授序

**《持續共享思維和情緒健康（SSTEW）評量表》**是一個令人興奮的新的觀察工具，用於評估以教育機構為基礎的早期教育和照顧實踐。基於發展科學的新發現，這個創新的評量表對教育實踐進行了描述，這些實踐支持專注任務能力、解決問題能力和想像力的發展。早期的評量表已經評估了空間、活動和課程的質量。這個新評量表在當前的質量評估「工具箱」中增加了一個受歡迎的內容，即通過兒童與他人的敏感互動，評估他們的整體健康、自我規範和專注思考能力。評量表中的 14 個項目由明確界定的「指標」組成，顯示出教育實踐中的質量要求。

第一、第二兩個子量表，對兒童的自主性、社交情緒發展的教育質量進行評估。每個項目中細分的指標都以清晰的角度關注日常實踐，這些實踐有助於發展幼兒的信任和積極應對困擾衝突的能力。然而，這兩個子量表並沒有假設從業者等待困擾或衝突發生後再採取行動，而是確認高質量教育機構的從業者創設了讓兒童積極參與有趣活動和互動的環境。評量表提出了教師鼓勵合作性遊戲和制定穩定策略以幫助兒童思考和解決衝突的方式。這樣，在每個項目中，明確闡述良好實踐的「指標」會指引評估者在研究、專業發展或審核時對質量作出判斷。

接下來的三個子量表側重於支持兒童「執行」能力發展的實踐，例如專注任務能力、情緒控制、設定和實現目標。持續共享思維是指以連貫和持續的方式與他人合作達成目標或解決問題的能力。這三個子量表評估當兒童解決問題或自我表達時，他們能否以合作的方式與他人互動。評量表的指標描述了教師參與對話或遊戲的方式，這可以讓參與者通過彼此的行為、想法和意圖來建構遊戲。持續共享思維的所有項目描述了成人可以做的事情，以支持兒童與他人一起探索和理解世界。

評量表中的五個子量表由開始的個性和情緒項目到最後的智力項目，看起來是完全獨立的，然而，對評量表的細緻研究揭示了一致的基礎理論，支持情緒發展和解決問題時專注任務的能力，都依賴於成人與兒童之間的互動。在互動中，敘述很重要，通過開放式問題和分享觀點來指導思考也很重要。評量表中大量描述的複雜交流不僅是關於外在環境和事物，還有關於內心世界的情感和願望。評量表中所有獨立的項目都是基於溝通，正因此提供了連貫性和理論依據，達致良好的實踐。

**Kathy Sylva**
牛津大學教育心理學教授

# 陳保琼博士序

我看到《持續共享思維和情緒健康（SSTEW）評量表》，會聯想到我對教育的認識。

總結我近五十年的教育經驗，可將我及機構同仁的教育理念與實踐概括為「環境」、「互動」與「演化」，這三者的核心是把學生放在中心位置。環境對人的影響極其深遠，但如何將環境要素有目的、有意識地創設出來，讓學生獲得有益的發展，我們一直在努力和實踐，目前卓有成效。互動，與環境密不可分，將環境的不同方面整合起來，並與教育教學相結合，就可以使學習更有活力和互動性，這種互動包括人與人的互動、不同文化的互動、個體與社會的互動等等。在環境和互動的基礎上，需要因應內外的各種挑戰，將我們已有的成果不斷內化、深化以至演化，這種演化，主要體現在教育的對象——學生——的觀念上，我們期待學生能關心地球與世界，渴望認識宇宙，意識到人類是地球和宇宙的一份子，是生命循環的一部份；我們期待學生能成為終身學習者，承擔起社會責任，為地球和人類作出貢獻。

環境、互動、演化時刻存在於我們的教育實踐中，教師與學生的每一次互動、每一次交流，學生的每一點變化，都是內化、深化乃至演化的過程。如何將這樣的教育理念落實到教育實踐中？如何檢視教育實踐是否沿着這樣的方向發展？《持續共享思維和情緒健康（SSTEW）評量表》不失為一個有效的評估工具。

持續共享思維，是指以連貫和持續的方式與他人合作達成目標或解決問題的能力。在如何支持 2 至 5 歲幼兒發展持續共享思維、情緒健康、與他人建立穩固關係、進行有效溝通以及自我規範方面，《持續共享思維和情緒健康（SSTEW）評量表》或許能為大家理解、實踐和反思師幼互動提供有效的幫助。評量表中的五個子量表從開始的個性和情緒項目到最後的認知項目，看起來是完全獨立的，其實都要依賴成人與幼兒之間的互動。在互動中，敘述很重要，通過開放式問題和分享觀點來指導思考也很重要。評量表中描述了大量的複雜交流內容及方式，不僅涉及到外部環境和事物，還有關於內心世界的情感和願望。

《持續共享思維和情緒健康（SSTEW）評量表》的三位作者，都是在早期教育研究領域領導或合作進行了許多具有影響力的研究及實踐的著名專家，《持續共享思維和情緒健康（SSTEW）評量表》就是在這些研究與實踐的基礎上形成的。《持續共享思維和情緒健康（SSTEW）評量表》與《幼兒學習環境評量表——課程增訂本》（ECERS-E）、《運動環境評量表》（MOVERS）一起，分別從社交情緒、認知發展、身體發展三個領域評估教育質量，三份評量表之間是相互關聯的，它們形成了一個全面的、針對兒童學習發展的評量方式及系統。

有效支持持續共享思維及情緒健康需要精進的專業能力，這種能力關乎師幼互動質量，關乎教育質量，關乎我理解的環境、互動、演化發展中的支持策略，相信它能為我們的教育理念與實踐提供強有力的支持與幫助。

**陳保琼博士**
耀中教育機構主席兼校監
耀中幼教學院校董會主席

## 持續共享思維和情緒健康（SSTEW）評量表簡介

這是一個可用於研究、自我評估和改進、審計和管理的環境評估量表。它與最先在美國發展起來的環境評量表（ERSs）系統有相似的評分框架，例如《幼兒學習環境評量表——修訂版》（ECERS-R）（Harms等，2005年）和《嬰兒學習環境評量表——修訂版》（ITERS-R）（Harms等，2003年）。它與《幼兒學習環境評量表——課程增訂本》（ECERS-E）（Sylva等，2010年）也有緊密聯繫。任何受過早期環境評量表培訓的人都應該發現，SSTEW評量表相對容易使用，因為它具有相似的格式，但在內容方面，則需要接受授權培訓師專門培訓。

在過去幾年發展起來的，用於支持為0至5歲兒童提供早期教育實踐的環境評量表，傳統上是以當時流行的發展適宜性實踐（DAP）的概念為基礎的。多年來，隨著研究提高了我們對甚麼是有效教育實踐的認識，這些評量表已經不斷地得到改編和擴展。例如，ECERS-E被設計為是ECERS-R的擴展，並包含了進一步支持學業成果重要性的新觀點。它涵蓋的課程領域有讀寫、數學 科學與環境，以及關於多元性的子量表，以確保教師為個別兒童和群體需要制定計劃。ECERS-R和ECERS-E一起提供了觀察物質環境、社交和情緒環境的方法，同時也評估了用以支持萌發認知功能的教學法和課程實踐（Burchinal等，2008年；Howes等，2008年；Mashburn等，2008年）。

多年來，許多國家和國際研究表明，環境評量表是可靠和有效的，最重要的是，它與兒童的社交情緒和認知發展有關（Burchinal等，2002年；Phillipsen等，1997年；Sylva等，2004年）。然而，最近有更多關於有效環境的研究，例如，學前教育的成效性（EPPE）的研究，已經指出在支持兒童的學習和發展以及提升兒童的發展成果時，考慮發展和實踐的其他方面也很重要（Siraj-Blatchford等，2002年；Siraj-Blatchford，2009年）。後者的研究提升了「持續共享思維」（SST）的概念，從業者積極參與兒童的學習和拓展他們的思維，這種概念已經被廣泛運用到世界上的許多課程中。它還影響了英國《早期基礎階段》（EYFS）（2012年）以及其他國家的相關工作，例如，澳大利亞的《早期階段學習框架》（EYLF）（DEEWR和CAG，2009年）。我們知道它是一種與兒童發展成果密切相關的教學策略（Siraj-Blatchford等，2002年；Sylva等，2004年），但與持續共享思維（SST）相關的實踐仍然相對較差。該評量表的設計是為了支持2至5歲兒童發展持續共享思維和情緒健康的能力，也支持發展穩固關係、有效溝通和自我規範方面的能力。

持續共享思維和情緒健康（SSTEW）評量表已被許多從業者和參與幼兒研究的學者所試用，目前正用於英國早期教育和發展研究（SEED）項目的一千多個機構中。因此，關於信度和效度的進一步信息將發表在第二版的評量表中。

## 研發持續共享思維和情緒健康（SSTEW）評量表的理論依據

「持續共享思維」一詞，最初是由 Siraj-Blatchford 等人在對早期階段有效性教學法的研究項目（REPEY）收集到的資料進行定性分析（通過在 12 個良好和優秀的學前教育機構的觀察敘述和互動記錄）時提出的。這是學前教育有效性（EPPE）縱向研究的姐妹項目（Sylva 等，2004 年）。能夠參與兒童的持續共享思維，被認為是在早期教育環境中的教師的關鍵技能，他們能有效地支持兒童的社交情緒和認知發展成果。在這個項目中，持續共享思維的定義是：

兩個或更多的人以智力合作的方式來解決問題、澄清概念、評估活動、擴展敘述等。雙方必須對思維作出貢獻，並且思維要得到發展和拓展。

從那時起，持續共享思維（SST）的定義得到進一步發展，並自然地從它跟 REPEY 的敘述性研究數據的直接關係中延伸出來。因此，例如，持續共享思維（SST）已被應用於非口語互動的活動中。在此活動中，兩個或更多人一起工作，尤其是涉及與幼兒和嬰兒或者那些把英語作為另外一種語言（EAL）的兒童有關。持續的「對思維的貢獻」的關鍵概念，最初與支持兒童學習和發展需要的已有觀念一致，例如關於最近發展區（ZPD）的概念（請參閱 Siraj-Blatchford 等，2002 年；Siraj-Blatchford，2009 年）。這些與在 REPEY 中提到的持續共享思維（SST）的例子一起，使得一些人認為延長交流或長時間對話是持續共享思維的必要條件。事實上，把重點放在「對思維的貢獻」上時，兒童和兒童、兒童和成人之間，即使交流很少，持續共享思維也會發生。因此，成人在支持兒童學習和發展時，敏感性的、以兒童為中心的干預就變得很重要。這可能包括成人「站在後面」，允許兒童探索、熟悉、解決問題、自己或與他人一起思考，以及通過維果斯基理論中的最近發展區（ZPD）概念來干預和支持兒童的活動。

那些考慮了有效的環境研究（指支持和加強兒童發展成果的環境）辨識了從業者的技能，因此他們如何與兒童互動以及支持兒童的學習和發展，就是高質量環境中最重要的元素。參與「持續共享思維」，就包括對兒童思維和學習的成功支持，無疑需要一個技能熟練、知識淵博的從業者。一個具有評估、監測和支持兒童社交情緒、語言和認知發展技能的從業者，也將確保兒童感到安全、舒適、有趣和受到激勵。因為這些是兒童準備學習的必要條件（Melhuish，2004 年），並能幫助他們深入思考。另外，對有效的環境研究支持了這樣一種觀念：良好的照顧與教育實踐共同支持環境的質量（Sylva 等，2004 年）。如果僅僅強調照顧和情緒健康，兒童在認知上不會取得很大進步。正因為如此，評量表的內容涵蓋了持續共享思維和社交情緒健康。為了成功地參與兒童的持續共享思維，從業者需要清楚地瞭解兒童當前的發展、文化傳統和成就，以及他們對學習的感受、行為和反應。從業者需要能夠判斷出甚麼時候兒童正在思考，並抓住時機延長專注時間和支持他們發展的毅力，這要求設置的情境要對每個兒童的性別、社會階層、種族和文化背景保持敏感性。成人和兒童、兒童和兒童、兒童和父母這三者的關係是考慮的核心。

與持續共享思維和情緒健康（SSTEW）相關的發展領域是：
1. 社會性和情緒發展。有兩個子量表與該領域相關：*1. 建立信任感、自信心和獨立性*；*2. 社會性和情緒健康*。

2. 認知發展。這個領域被細分為語言和溝通發展的三個子量表：*3. 支持並拓展語言和溝通*，和更廣泛的認知發展的兩個子量表：*4. 支持學習和批判性思維。5. 評估學習和語言*。

雖然 2 至 5 歲兒童的發展存在着重大的差異，但我們相信，在適當關注個別需要的同時，有一些共同的做法對支持和培養這個年齡範圍內的兒童是有益的。在支持性材料中，包括選擇一些不同的閱讀材料，以滿足不同兒童的理解和發展需要，其中一些信息涉及到兒童發展，以及與評量表相關的理論。然而，需要強調的是，我們不堅持過時的兒童發展觀，即認為所有兒童都是以一致的方式，在某個年齡和階段上以一致的速度發展。我們是為那些希望通過使用此評量表來支持和指導觀察、識別個體差異、對適當的發展和適宜性實踐作出判斷的人提供信息，這些信息可能對那些較少培訓的從業者在兒童發展和學習上的專業發展有幫助。

## 持續共享思維和情緒健康（SSTEW）評量表的內容

此表有五個實踐領域與發展的專門方面相聯繫，稱為子量表，有 14 個小標題被稱為項目。在每個項目下都有描述實踐的文本，被稱為指標。子量表及項目如下：

1. 建立信任感、自信心和獨立性
   - 項目 1. 自我規範和社會性發展
   - 項目 2. 鼓勵選擇和獨立遊戲
   - 項目 3. 規劃小組和個別互動或成人計劃的活動

2. 社會性和情緒健康
   - 項目 4. 支持社會性和情緒健康發展

3. 支持並拓展語言和溝通能力
   - 項目 5. 鼓勵兒童與他人交談
   - 項目 6. 教師積極傾聽兒童並鼓勵兒童傾聽
   - 項目 7. 教師支持兒童使用語言
   - 項目 8. 具有專業敏感性的回應

4. 支持學習和批判性思維
   - 項目 9. 支持好奇心和解決問題
   - 項目 10. 通過講故事、分享圖書、唱歌和韻律活動鼓勵持續共享思維
   - 項目 11. 鼓勵在研究和探索中持續共享思維
   - 項目 12. 支持兒童的概念發展和高階思維

5. 評估學習和語言
   - 項目 13. 運用評估來支持和拓展學習和批判性思維
   - 項目 14. 評估語言發展

## 使用持續共享思維和情緒健康（SSTEW）評量表前的準備

在使用持續共享思維和情緒健康（SSTEW）評量表進行專業發展或實踐改進之前，即使你參加過其他環境評量表的培訓，仍需參加 SSTEW 評量表的培訓，因為 SSTEW 評量表的許多觀念和概念都是全新的。使用這個評量表，不僅需要對其內容有準確的理解，而且需要對所觀察到的事物作出判斷。除了此評量表的內容外，你還需要瞭解在教育機構中找到的文本，包括通常用來支持學習和評估的任何計劃和學習日誌。你可能需要問教師一些非引導性的問題，以補充你的理解。因此，你需要對訪談技巧有自信，並且能夠尊重、不加評判和具有專業敏感性地詢問從業者一些重要信息。基於這些原因，我們認為，使用 SSTEW 評量表的評估者在早期教育實踐、文化敏感性和兒童發展方面要有良好的基本功訓練，這一點非常重要。

### 使用前的重要指引

1. SSTEW 評量表通常應該在一個時段內完成：上午或下午 3 至 4 小時。你應該每次只觀察一個組的兒童。兒童可以活動的區域，不管是室內還是室外，都應該被觀察到。如果你打算觀察其他組，就需要另外的時段。

2. 我們建議 SSTEW 評量表與其他 ERSs 中的一個一起完成。如果你觀察 3 到 5 歲兒童，可使用 ECRSE-E；如果你觀察 2 歲兒童，則使用 ITERS-R。如果你還要完成另外的 ERSs，你至少需要再多 3 至 4 個小時，或更長的時間。除此之外，在觀察結束後，你需要一些時間與教師溝通。溝通時，不用教師的帶班時間，而是在該教師不受到任何其他事情干擾的情況下進行。你還需要一些時間來查閱相關文本，然後再提出更多的問題。

3. 開始觀察之前，收集一些關於該機構的背景信息並熟悉環境，查看在觀察時段內的任何計劃也是有用的，這樣你就知道有哪些活動。

4. 開始之前，確保你已知道有關機構名稱、年齡組等信息，知道屆時哪些教師在，這是否是常規的一天。

5. 確保你熟悉所有關於作出判斷的章節內容。

# 作出判斷

與其他類似的評量表不同,這個評量表不包括「大多數」、「很多」等術語,我們期望你給出的分數能夠代表對機構中教師的行為、回應、互動,以及由此產生的對兒童體驗作出的總體和專業的判斷。這需要對所有的判斷作出深思熟慮的回應,而這些判斷根據仔細觀察來認定行為、回應和互動是積極的還是消極的:積極的,可能增強兒童的學習和發展;消極的,則存在潛在的對兒童的傷害。

**就潛在的積極行為、回應和互動作出判斷**
**實例:**

| 子量表 3:支持並拓展語言和溝通能力 |
| --- |
| 項目 6. 教師積極傾聽兒童並鼓勵兒童傾聽 |
| 7.1 教師允許兒童在說話過程中有長時間的停頓,這樣兒童有時間思考和回應。可以看到教師允許不同兒童有不同時段的停頓。 |
| 7.2 教師通過建議兒童講述,或邀請其他兒童過來聽,以此鼓勵兒童相互交談和傾聽。 |

為了對這些描述做出「是」的記錄,我們期望在觀察期間至少觀察到一次行為、回應和互動,然後能對機構中所有兒童的定期體驗作出判斷。也就是說,判斷這樣的經歷每天都可能發生,並且可能發生在所有的兒童身上。這很可能需要注意到哪些教師參與到互動中去,從而可以確定哪些教師有這些技能。如果這些技能只限於一兩位教師,那麼你就需要確定教師是否能接觸到所有的兒童,以及他們是否每天都會和兒童接觸。

這些判斷指出一個事實:一些教師在支持兒童學習和發展上比其他教師做得更好,但仍要把教育機構作為一個整體來考慮,同時還要考慮所有兒童身處其中的體驗。就像其他相似的 ERSs 一樣,教育機構可以獲得高分,即使並非所有的教師都能以同樣的方式支持兒童。

**就潛在的消極行為、回應和互動作出判斷**
**實例:**

| 子量表 2:社會性和情緒健康 |
| --- |
| 項目 4. 支持社會性和情緒健康發展 |
| 1.1 兒童表達的感受被淡化、忽視、無視或嘲笑。 |

在這裏,判斷是很明確的,觀察到的任何一個兒童或者教師的消極行為、回應或互動都是將其記錄為「是」的充分證據。其次,這與其他類似的 ERSs 在判斷時是一致的。

## 觀察指引

1. 只有在有足夠的時間作出合理判斷之後，你才能對一個項目進行評分，並且記住，如果這涉及到積極的實踐，它可能取決於教師是否每天都能接觸到所有兒童。你需要確保你所觀察到的實踐代表了整體的實踐。

2. 不需要按評量表中的順序對這些項目進行評分。如果有一個科學活動或你注意到一些唱歌或閱讀活動，你可以先對相關項目進行評分。通常要做筆記，並在觀察結束時對所有內容進行評分。

3. 有少許項目，通常是在 7 分的水平上，在對 3 歲以下的兒童進行觀察時可能是不適宜的，它們旁邊有一個不適用（N/A）的標記。如果你觀察的小組只有兩歲兒童，請確保你考慮了補充信息，並在適當的情況下標記為不適用（N/A）。

4. 有些項目要求基於你看到的對「大多數兒童」作出判斷。「大多數兒童」通常意味超過 75% 的兒童。然而，如果你注意到有一兩個兒童似乎總是被排除在某些活動和實踐之外，你不應該讓那個指標通過。

5. 注意不要打斷或者干擾教育機構中正在進行的實踐活動。你應該作為一個非參與的觀察者，如果可能的話，避免與教師和兒童互動。你應該事先決定對那些好奇的兒童說些甚麼，這樣才不會讓他們感到不快，不要與他們交流太久，盡可能保持中立和不引人注意。

6. 評分時要做清楚和詳細的筆記，因為這可能有助於澄清和回饋。

7. 離開機構前，確保你已經對所有項目都進行評分。一旦你離開了，就很難再給項目評分。記住表達你的感謝。

8. 在本書的末尾，有一份包含所有項目的評分表，你可以複印，在觀察時使用。所有複印件僅供你個人使用，每位評估者都應該有原版的 SSTEW 評量表。

## 持續共享思維和情緒健康（SSTEW）評量表的評分標準

*注意：只有當你熟悉 SSTEW 評量表，並且閱讀了上述章節內容「使用前的重要指引」時，你才可以使用。*

1. 評分必須反映觀察到的實踐，而不僅僅是教師告訴你的事情。

2. 每個項目後面都有標為「實例和補充信息」的部份，這是對一些指標作出判斷的進一步信息。在指標的末尾標注 * 號的地方，你會找到增加的範例和補充信息。這些信息包括說明實踐的例子，提供你可能使用的問題，指出何時應該考慮額外的文件數據、記錄、計劃等。

3. SSTEW 評量表的評分從 1 分至 7 分，1 分 = 不足，3 分 = 最低標準，5 分 = 良好，7 分 = 優良。

4. 你應該從第 1 部份開始你的觀察，然後系統地觀察到後面的等級。

5. 如果第 1 部份有任何指標評為 Y（是），應給 1 分。

6. 如果第 1 部份所有指標都評為 N（否），第 3 部份至少一半指標評為 Y（是），應給 2 分。

7. 如果第 1 部份所有指標都評為 N（否），第 3 部份所有指標都評 Y（是），應給 3 分。

8. 如果第 1 部份所有指標都評為 N（否），第 3 部份所有指標都達到，第 5 部份至少一半指標評為 Y（是），應給 4 分。

9. 如果第 1 部份的指標都評為 N（否），第 3 部份的所有指標都評為 Y（是），第 5 部份所有指標都評為 Y（是），應給 5 分。

10. 如果第 1 部份的指標都評為 N（否），第 3 部份的所有指標都評為 Y（是），第 5 部份所有指標都達到，第 7 部份至少一半指標評為 Y（是），應給 6 分。

11. 如果第 1 部份的指標都評為 N（否），第 3 部份的所有指標都評為 Y（是），第 5 部份所有指標都達到，第 7 部份所有指標都評為 Y（是），應給 7 分。

12. 若要計算子量表的平均分，需把子量表中每個項目的分數加起來，再除以項目總數。

13. SSTEW 評量表的總平均分數是項目得分總數除以所有的評估項目數（14 個）。

**持續共享思維和情緒健康（SSTEW）評量表評分表、概覽和聯合觀察表**

本書的第 45 頁提供了獨立的評分表，可供複印後使用。給出所有分數後，此評分表有助於評估者更有效地分析得分。

第 50 頁的 SSTEW 評量表概覽將評分結果以更有利於閱讀的方式展現，有助於發現實踐中的規律，包括做得好的和 / 或者有待改善的方面。概覽以圖表的形式將觀察分為三部份，這對發現評估者之間的差異以及 / 或者發現進步有輔助作用。如果你用不同顏色的筆記錄分數（或其他方式），可能會看到觀察對象隨時間發展的進步（如果在不同時間進行多次觀察），或者不同的評分結果（如果不同的評估者同時評估）。

第 62 頁的聯合觀察表是為了協助不同評估者之間的討論，並得到最終一致同意的結果而設計的。當不同的評估者在同一環境內進行觀察，例如培訓評估者和 / 或者為了增加評估的信度，在觀察結束時，評估者通常會留出時間就觀察進行討論。最終的得分可能是幾個評估者的平均分，但通常情況下，某個評估者會觀察到其他評估者疏漏的重要現象。所有評估者都要用證據支持他們的評分，在討論之後，他們會得到一個一致的結果（可能是某個評估者的原始評分結果）。

## 子量表 1： 建立信任感、自信心和獨立性

### 項目 1. 自我規範和社會性發展

| 不足 | | 最低標準 | | 良好 | | 優良 |
|---|---|---|---|---|---|---|
| 1 | 2 | 3 | 4 | 5 | 6 | 7 |

**1**

1.1 教師沒有表現出對界限／規則／期望的認同，也沒有始終如一地使用這些界限／規則／期望。*

1.2 一些孩子被遺忘，儘管他們看起來明顯是困惑或煩惱的。

**3**

3.1 期望和界限是清晰明確的，所有教師都使用。

3.2 教師對兒童、家長／照顧者以及同事均表現出尊重及專業性。*

**5**

5.1 教師仔細地向兒童解釋，甚麼是他們需要做的，並預先為他們排除一些困難。*

5.2 當兒童不想遵守規則或不高興時，教師表現出同情和理解。*

5.3 教師意識到每個個體及他們的需要，給予額外的支持並允許有一定的靈活性。*

5.4 教師通過告訴兒童應該做甚麼而不是他們不該做甚麼來改變不恰當的行為。

**7**

7.1 教師為兒童很好地遵守規則感到高興（例如，「我看到你幫忙把拖拉機收起來了」，或鼓勵兒童告訴老師他們是如何遵守規則的等等）。*

7.2 教師已經商定衝突發生時兒童要遵循的程序。這些程序包括讓他們參與解決問題。*

## 實例和補充信息

1.1 沒有任何關於行為的書面說明或一致看法。例如，看到教師對兒童的反應不同，並向兒童傳遞不同的信息，包括音量、奔跑、分享和不同區域的兒童人數，或允許使用不同資源的時間。

3.1 教師向兒童傳遞相同的信息。教室裏有些規則可以舉例說明，例如，提供兩把椅子，兩名兒童的照片顯示這個區域允許有兩名兒童，兒童穿着工作服在繪畫區的照片，以及矽膠雨靴被放置在通往戶外的門口等。

3.2 教師禮貌對待每個人並細心傾聽。他們談論與工作相關的事情，並將私人討論減至最少，除非涉及支持兒童學習。

5.1 聽到教師用正面的語言向兒童解釋簡單的規則和期望，例如，記得共同使用自行車，記得相互傾聽，我可以聽到你說話所以不用大聲喊叫。他們也許已經商定了支持的信號，例如，通過整理歌、拍手和「西蒙說」(Simon Says) 的遊戲來引起注意。他們也許給一些兒童更多的支持，例如在一旁陪伴、幫助等。

5.2 當兒童難過、生氣、疲倦、快樂時，教師表示理解並用語言描述他們的感受，例如，我看得出你生氣；是的，我知道你想那樣做。

5.3 教師根據兒童的需要支持恰當的行為，例如，通過示範恰當的行為、個別指導、提示和幫助、允許額外的時間、在安全的地方為幼兒提供他們稍後可以選擇的活動，或對年齡稍大的兒童使用口頭提示，例如，提醒兒童輕聲交談、一起玩、互相分享。

7.1 這可能發生在個別互動或小組時間。

7.2 教師需要理解並遵循解決衝突的程序——積極地將兒童的衝突視為潛在的學習情境。他們可能會遵循諸如高瞻課程的六個步驟來解決衝突（詳見第 54 頁）或和平解決問題（PPS）。他們可能需要一些提示來支持所有教師遵循這一點。如果沒有看到衝突，可以問一個沒有導向性的問題：「當兒童發生爭吵、打架或其他衝突時，你通常會做甚麼？」提示：「所有教師都會這樣做嗎？你們有共同商定的做法嗎？」

## 子量表 1： 建立信任感、自信心和獨立性

### 項目 2. 鼓勵選擇和獨立遊戲

| 不足 | | 最低標準 | | 良好 | | 優良 |
|---|---|---|---|---|---|---|
| 1 | 2 | 3 | 4 | 5 | 6 | 7 |

**1.1** 在制定計劃時沒有考慮兒童的興趣。

**1.2** 教師不允許兒童獨立行動。

**3.1** 教師「退出」兒童的遊戲；沒有不必要地干預。對遊戲的主題、複雜程度、目標和選擇哪種遊戲都能接受。

**3.2** 圖書、玩具和資源很容易被兒童取用，教師接受兒童可能以與預期不同的方式使用設備或資源，並可能重新佈置家具。

**3.3** 可以接受一些兒童可能想要進行與班級其他兒童不同的活動。*

**3.4** 日程安排足夠靈活，考慮到個體興趣，兒童可以自由選擇活動和遊戲。

**5.1** 如果接到邀請，教師將參與兒童遊戲，同時允許兒童主導，尊重兒童的遊戲水平及其設定的規則。*

**5.2** 觀察或參與兒童遊戲時，教師表現出享受與樂在其中。如果兒童有要求，他們將組織新的活動。*

**5.3** 雖然兒童的遊戲受到尊重，但兒童仍然被期望遵守環境中的界限或規則。*

**5.4** 教師根據兒童的建議提供必要的資源以豐富和支持遊戲。*

**7.1** 教師讓兒童參與環境規劃，例如，諮詢家長/照顧者，支持兒童選擇和製作遊戲區的道具，繪製思維導圖，決定是外出參訪還是邀請訪客等。

**7.2** 教師觀察兒童在成人支持下的活動，看看活動中的想法、概念等是否包含在他們的自由遊戲中。*

## 實例和補充信息

3.3 這一指標是關於接受和認可兒童可能想要進行與班級其他兒童不同的活動。在大多數情況下，這是被接受和允許的，尤其是面對最年幼的兒童和在遊戲或活動期間。然而，有時這是不可能或不可取的。在這種情況下，成人清楚地表明他們理解和尊重兒童的意願，同時以一種溫和、支持和平靜的方式重新引導他們。例如，「看得出來你不想走，但爸爸在等你，我們一起把你的模型放在一個安全的地方，明天你可以繼續玩」。

5.1 如果沒有觀察到，那麼**提問：**「兒童是否曾經叫你或其他教師加入他們的遊戲？」如果回答「否」，很可能是因為他們沒有成為好的玩伴，評為「否」。如果回答「是」，**提問：**「那是怎麼進行的，你能舉個例子嗎？」

5.2 這一指標既反映了教師所表現出來的愉悅感，也反映了他們的反應能力。如果兒童沒有要求，你不需要看到教師組織一個新活動，你可以**提問：**「如果兒童要求有不同的活動或資源，你會怎麼做？」或根據教師在遊戲、其他活動和日常生活中對兒童的反應作出判斷。

5.3 你觀察到兒童遵守環境或教室規則的明顯證據，或聽到教師溫和地提醒兒童遵守規則的證據。

5.4 如果沒有觀察到，那麼**提問：**「你如何決定為兒童投放甚麼資源？兒童是否要求更多的、不同的資源？如果是，你是如何回應的？」

7.2 查看**觀察、記錄和計劃表**，看看兒童是否有機會、有選擇地將想法、資源、角色和之前所學的詞彙納入他們的自由遊戲中（例如，選擇前一天讀過的書中的角色，選擇成人支持的活動中使用過的資源，在角色扮演區模仿之前成人示範過的角色）。

## 子量表 1： 建立信任感、自信心和獨立性

### 項目 3. 規劃小組和個別互動或成人計劃的活動

| 不足 | | 最低標準 | | 良好 | | 優良 |
|---|---|---|---|---|---|---|
| 1 | 2 | 3 | 4 | 5 | 6 | 7 |

1.1 . 教師幾乎不瞭解小組和分組的重要性。*

1.2 沒有明確劃定小組的活動區域或時間表以留出小組和個別活動的時間。

3.1 環境中安排足夠多的選擇，以便兒童能夠單獨玩、結伴玩以及小組一起玩。

3.2 教師確保環境中的各個區域不會過於擁擠，例如，使用照片和/或數字標籤來幫助年齡稍大的兒童瞭解特定區域的人數限制。

5.1 兒童參與對區域、空間和資源的選擇。*

5.2 教師置身於區域中以便他們不僅能夠看到整個區域，而且能夠與小組或個別兒童互動。

5.3 定期監察空間，以確保受歡迎的區域有足夠的空間和資源；改造不受歡迎的區域，支持兒童進入互動。*

7.1 計劃是靈活的，以滿足兒童的需要。它可隨兒童突然產生的興趣而改變，如果沒有人想進行活動，可以放棄活動。*

7.2 教師透過安排/設置鷹架兒童的學習，並關注他們的需要。同時，教師也關注和回應餘下的兒童。

7.3 教師參與專門設計的活動，鼓勵兒童來看教師正在做甚麼，這樣做是為了參與個別和小組互動和/或討論。*

## 實例和補充信息

3.3 整個觀察期間，沒有看到兒童分組的證據，在**教育計劃或其他文本**裏也看不到任何證據。

5.1 如果沒觀察到，**提問：**「你是如何決定環境中的區域，以及在這些區域裏應該投放哪些資源的？」

5.3 如果沒觀察到，**提問：**「你是如何監察環境中不同區域的使用的？如果你發現某個區域已變得不受歡迎，你會怎麼做？」

7.1 如果沒有觀察到圍繞兒童的計劃改變和活動放棄，**提問：**「如果兒童對常規遊戲或提供的活動不感興趣，你會怎麼做？」

7.3 教師坐在一個有足夠空間的區域裏，正在完成可能會引起兒童興趣的活動，例如，給鈕扣分類、玩微型玩具、摺紙等。在此，教師向兒童傳遞出一種信號：如果兒童想參加這些活動，是可以來跟教師交流的。

## 子量表 2：社會性和情緒健康

### 項目 4. 支持社會性和情緒健康發展

| 不足 | 最低標準 | 良好 | 優良 |
|---|---|---|---|
| 1    2 | 3    4 | 5    6 | 7 |

**1.1** 兒童表達的感受被淡化、忽視、無視或嘲笑。

**1.2** 教師沒有對兒童表現出熱情和歡迎的肢體語言。

**1.3** 教師沒有為鼓勵社交而創設環境或組織活動。*

**3.1** 教師理解兒童，幫助他們處理他們想表達的感受。*

**3.2** 教師鼓勵兒童一起遊戲，提供更多的玩具/道具和資源來支持持續的遊戲。在兒童一起遊戲時，教師支持他們互相幫助和分享。

**3.3** 在某個時段中，大多數兒童都得到積極的個別關注。*

**3.4.** 教師是熱情、友好、平和的，在必要和恰當的時候，使用自然平和的手勢、身體接觸、輕拍和擁抱。

**5.1** 鼓勵兒童表達/說出他們的感受和需要。*

**5.2** 教育計劃明顯蘊涵了學習的意向。這些計劃是為了支持社交互動而設計的，包括在適當時鼓勵合作的活動和遊戲。*

**5.3** 鼓勵兒童在不能共享玩具或遊戲遭遇挫折時，尋求成人的支持。*

**5.4** 教師回應兒童的需要、感受和情緒，和兒童一起開心玩耍，充滿活力，支持積極的情緒。*

**7.1** 教師經常讓兒童利用他們自己的經驗談論感受和需要。他們可能會用故事或道具，例如：「木偶想念他的家人，我們如何讓他好受些？」

**7.2** 邀請兒童展示或說出他們可以從小組其他人的非言語表達、圖畫書、照片、DVD 等瞭解到甚麼。*

**7.3** 教師支持兒童與他人溝通，識別和回應他人的感受，包括兒童在表達他們的需要可能有困難時。*

**7.4** 教師不止透過兒童的視角來解釋他們的感受，需要時還在環境或常規等之內作出改變。*

## 實例和補充信息

1.3 考慮物料和它們擺放的位置。是否在封閉和安全的空間裏安排一些類似的物料？教師鼓勵兒童一起玩耍嗎？是否有舒適的安靜區域和角色扮演區？

3.1 教師識別兒童的情緒和感受（例如，疲倦、快樂、傷心、饑餓、熱、冷），並以平靜和尊重的態度幫助他們。

3.3 「大多數兒童」相當於 75% 的兒童。但是，如果任何一個或多個兒童持續被忽視或只受到消極的關注，此項不可得分。

5.1 教師在適當的時候詢問兒童的感受或需要。教師為兒童提供可選擇／可能的解決方案，以選擇／指出他們所需要的。

5.2 實例：教師 A 支持和鼓勵兒童 B 允許兒童 C 加入他／她的遊戲；把資源 X 納入區域 A，以便兒童 X、Y 和 Z 可以重新開始並繼續他們上周的遊戲。

5.3 如果沒有聽到教師談論衝突問題，也沒有看到兒童要求教師支持他們的需要，兒童也沒有其他明顯的表示需要照顧者支持，就可**提問：**「當兒童在共享玩具或遊戲失敗時，你如何幫助孩子尋求成人的支持？」

5.4 這裏的關鍵詞是「回應」，並在適當的情況下，通過遊戲、開心的感受和享受樂趣來支持積極的情緒。教師瞭解如何「捕捉」情緒。**問題：**「為甚麼玩得開心和表現出樂趣很重要？」

7.2 取決於兒童的年齡和理解能力，這可能涉及成人支持的活動，使用諸如照片、圖書、DVD 等資源，對環境中的偶發事件作出反應。同樣，取決於兒童的能力，這可能包括討論、給情緒命名、與他們的自身經歷建立聯繫或更多的身體反應，如溫柔地拍、熱情的微笑、擁抱等。

7.3 教師指出一些兒童的感受，並與他們進行「討論」，以培養同理心和恰當的回應方式。他們理解並用言語表達兒童的需要和對他人的感受，以支持溝通和鼓勵合作。如果沒有觀察到，**提問：**「如果一個孩子想加入別人的遊戲，但無法表達，你會如何支持他／她？你會如何支持兒童共享並一起遊戲？」

7.4 如果沒有觀察到證據，**提問：**「如果你注意到兒童在環境中的行為發生變化，你會怎麼做？你認為甚麼因素可能影響兒童在環境中的行為？」

## 子量表 3：支持並拓展語言和溝通能力

### 項目 5. 鼓勵兒童與他人交談

| 不足 | | 最低標準 | | 良好 | | 優良 |
|---|---|---|---|---|---|---|
| 1 | 2 | 3 | 4 | 5 | 6 | 7 |

1.1 除了必須說的，不鼓勵兒童多說話。

1.2 教師與兒童交談主要是為了改變他們的行為和管理常規。

1.3 環境中的噪音不利於交談，例如，環境中的背景音樂或歌曲過於嘈雜。

3.1 任何可能的時候，兒童都可以說話。

3.2 教師試圖與小組內的大多數兒童進行交談。*

5.1 鼓勵兒童在活動期間和全天互相交談。教師做榜樣並支持這一點。

5.2 在成人指導的時間裏，提供支持兒童交談的活動，並將兒童分組以支持交談。*

5.3 教師確保每個想說話的兒童都有機會說話。他們與個別兒童和小組互動以支持這一點。

5.4 如果兒童沉默寡言或無法交談，和/或以英語作為一門額外的語言，則採用其他交流方法，例如照片、圖片、符號、木偶、手勢、家庭錄音。*

7.1 鼓勵兒童選擇並主導互動、交談和/或遊戲。

7.2 鼓勵兒童在互動中多輪流幾次，教師可以通過延長等待的時間，添加評論和提出簡單問題來實現這一點，兒童可能會給出更長更複雜的回答。

7.3 兒童不願與他人互動時，教師會和他們一起玩耍，從他們身上尋找線索，跟隨他們的引導，等待他們發出溝通的邀請。*

7.4 教師對小組或個別兒童的活動不斷發表自己的看法，以幫助兒童延長遊戲時間，並與其他兒童互動。*

**實例和補充信息**

3.2 「大多數兒童」相當於 75% 的兒童。然而，如果有些兒童似乎是被故意回避的，在此不可得分。

5.2 如果沒有觀察到，**提問**：「是否將兒童分組參加成人指導的活動？如果是，如何進行分組？」

5.4 注意：這裏要包含 Makaton（一種運用標識和符號支持溝通的語言系統），尤其是運用在環境裏的所有兒童中。如果沒有觀察到，**提問**：「你是如何支持那些不願說話或者以英語作為一門額外語言的兒童遊戲和交談的？」

7.3 如果沒有觀察到，**提問**：「你會做甚麼來支持那些不願說話或者以英語作為一門額外語言的兒童交談的？」（註：你可能在 5.4 裏問過這個問題。）

7.4　如果沒有觀察到，**提問**：「對於詞彙量少、語言能力弱的孩子，或不願參與遊戲、與同伴互動的孩子，你會如何幫助他？」

## 子量表 3：支持並拓展語言和溝通能力

### 項目 6. 教師積極傾聽兒童並鼓勵兒童傾聽

| 不足 | | 最低標準 | | 良好 | | 優良 |
|---|---|---|---|---|---|---|
| 1 | 2 | 3 | 4 | 5 | 6 | 7 |

**1**
1.1 教師通過諸如批判或羞辱、忽視或貶低等行為扼殺與兒童的溝通。

1.2 兒童的求助被無視（無論是直接請求還是間接請求，例如，哭泣、退縮、不知所措）。

**3**
3.1 教師理解兒童的口頭信息。

3.2 教師響應兒童話語和非口頭語言信號。

3.3 教師的肢體語言顯示他們想要溝通（張開雙臂、歪着頭、微笑、等待和傾聽）。

**5**
5.1 教師說話或聽兒童說話時，與兒童保持同一高度。

5.2 運用重新表述和／或複述來檢查是否兒童已理解。

5.3 如果兒童言語或意思不明確，教師應該進行「有依據的猜測」，而不是要求兒童不斷重複自己說的話，如果教師猜錯了，承認是自己的錯。*

**7**
7.1 教師允許兒童在說話過程中有長時間的停頓，這樣兒童有時間思考和回應。可以看到教師允許不同兒童有不同時長的停頓。*

7.2 教師通過建議兒童講述，或邀請其他兒童過來聽，以鼓勵兒童相互交談和傾聽。*

### 實例和補充信息

5.3 如果沒有觀察到，**提問：**「你如何應對發音不清的兒童？如果你真的不明白他們在說甚麼，你會怎麼做？」

7.1 如果沒有觀察到，**提問：**「你和其他教師如何確保兒童在回答問題之前有足夠的時間思考？」

7.2 例如，鼓勵兒童相互展示和談論模型、繪畫、物料、道具、想法、遊戲中的合作等。對於年齡較小的兒童來說，談話可能僅限於說出他們所展示的東西，而年齡稍大的兒童可能會解釋過程，並進行積極的評價。

## 子量表 3：支持並拓展語言和溝通能力

### 項目 7. 教師支持兒童使用語言

| 不足 | | 最低標準 | | 良好 | | 優良 |
|---|---|---|---|---|---|---|
| 1 | 2 | 3 | 4 | 5 | 6 | 7 |

**1.1.** 經常以「嬰兒式」對兒童說話（模仿幼兒說話的方式）。

**1.2** 教師經常使用貧乏或不恰當的語言。*

**1.3** 教師經常使用兒童不能理解的語言。

**3.1** 教師使用簡單、正確的語言，並且語法和發音正確。

**3.2.** 教師使用符合需要和情境的語氣。

**3.3** 語言水平符合兒童的年齡和能力。

**5.1** 教師謹慎選擇正確和合適的措辭。

**5.2** 教師使用不同的語音語調來支持兒童的興趣、令兒童興奮的事情，表達情緒，讓兒童平靜下來並幫助兒童理解。

**5.3** 在兒童遊戲時，教師提供持續的評述，為兒童示範詞彙並展示自己的思維過程。

**7.1** 在與兒童的互動中，教師通過使用正確的詞語、短句和語法來支持個別兒童的語言發展。他們不會指出兒童的錯誤，但會示範正確的詞語、句子等。

**7.2** 教師為個別兒童搭建鷹架和示範語言時，會略高於其現有水平。*

### 實例和補充信息

**1.2** 教師可能使用語法錯誤的句子，幼稚和不恰當的詞語和／或俚語。

**7.2** 典型的語言發展的實例可以在第 56 頁的表 3 中找到。這在判斷略高於個別兒童現有水平的語言時可能有用。

## 子量表 3：支持並拓展語言和溝通能力

### 項目 8. 具有專業敏感性的回應

| 不足 | | 最低標準 | | 良好 | | 優良 |
|---|---|---|---|---|---|---|
| 1 | 2 | 3 | 4 | 5 | 6 | 7 |

**1**

1.1 不努力參與兒童的活動（例如，在交談中，對兒童正在做的事情未表現出任何興趣等）。

1.2 教師經常彼此交談，卻忽視他們面前的兒童。

1.3 很少將兒童作為個體對待。相反，兒童總是進行群體溝通。

1.4 明顯冷落處於苦惱中的兒童。

**3**

3.1 教師關注小組兒童，並回應小組中的個別兒童。

3.2 教師以一種感興趣的方式傾聽並回應來自兒童的任何問題或評論。

3.3 以無差別的方式表揚兒童，並通常是針對全體的。

**5**

5.1 教師確保大多數兒童某個時段內至少得到一次較長時間的個別關注。*

5.2 如果教師感覺兒童難以完成手頭的任務，他們樂意提供幫助。

5.3 在恰當的時候樂意給個別兒童讚揚和鼓勵。

**7**

7.1 大多數兒童在某一時段內都能得到不止一次的一對一的互動性關注。*

7.2 兒童的任何意見或請求都會迅速得到回應和處理，如果有必要，請另一名教師參與，確保兒童不會無目的等待並感到困擾。*

7.3 儘管教師可能希望關注個別兒童，但小組裏的其他兒童沒有感到被排斥在外。

**實例和補充信息**

5.1 「大多數兒童」相當於 75% 的兒童。但是,如果一個或更多的兒童似乎一直被忽視,在此不可得分。

7.1 如果沒有觀察到,**提問:**「你如何確保所有的兒童都心情愉快並正在學習?」**提示:**你們是否有成套方法來確保每個孩子都是快樂的?你是否知道每個或大部份兒童都有機會在活動中與一個成人單獨互動?

7.2 這一條涉及回應、支持性語言和溝通,因此更多的是延伸和支持活動與遊戲,而不是關注衝突、困擾等,這些內容涵蓋在「子量表 1. 建立信任感、自信心和獨立性」中。

## 子量表 4: 支持學習和批判性思維

### 項目 9. 支持好奇心和解決問題

| 不足 | | 最低標準 | | 良好 | | 優良 |
|---|---|---|---|---|---|---|
| 1 | 2 | 3 | 4 | 5 | 6 | 7 |

1.1 總是以同樣的方式設置學習環境,包括相同的資源和活動。

1.2 教師從不介入兒童的遊戲,除非有衝突發生。

3.1 每次活動,兒童都可以獲得各種各樣的資源;所選擇的活動或遊戲是成人知道兒童想要進行的。

3.2. 教師在某一時段內至少提供一次成人支持的活動。*

3.3 教師讓兒童幫忙解決問題,例如,在設置區域時,讓兒童找到資源並幫忙投放。

5.1 定期提供新的資源、活動或挑戰。它們與當前的主題或時令或兒童的興趣或圖式相關。*

5.2 教師示範、支持和延伸兒童在環境中所有區域的學習,適當時從一個區域移動到另一個區域。*

5.3 教師挑戰並支持兒童解決問題,例如,提出小的日常問題或邀請兒童解決他們自己提出的問題。

7.1 教育計劃顯示經常有訪客,例如,警察、當地店主、出租車司機和／或教師裝扮成熟悉的故事裏的角色。

7.2 參觀一些感興趣的或拓展兒童知識和經驗的地方。*

7.3 教師通過隱藏意想不到的物品或在遊戲時發現寶物箱來支持兒童的好奇心。*

7.4 教師通過大聲說出自己的思考和解決問題的過程來支持兒童的元認知發展,並支持兒童計劃、實施然後回顧活動。*

## 實例和補充信息

3.2 把「一段時間」當成是一個上午或下午。

5.1 如果通過觀察或在**教學計劃**、其他數據裏不是顯而易見的，**提問：**「你是如何決定為兒童計劃並安排活動的？」

5.2 如果通過觀察或在**教學計劃**、其他數據裏不是顯而易見的，**提問：**「你是如何決定成人在遊戲和環境區域裏的角色的？」

7.2 如果在**教學計劃和照片**裏不是顯而易見的，**提問：**「你會帶兒童外出嗎？你如何決定去哪裏和做甚麼？你會計劃任何後續活動嗎？你能提供一個案例嗎？」

7.3 這是通過在環境中引入驚喜和意想不到的手工製品讓兒童去發現（例如，在花園裏，一個不明物體，像是發動機部件、水晶、化石、沙坑玩具，寶物箱），來支持兒童發現並參與討論 / 解決問題的意願，然後教師支持他們弄明白和解決問題。如果通過觀察或在**教學計劃和照片**裏不是顯而易見的，**提問：**「你如何鼓勵兒童的好奇心？你有沒有在環境中引入驚喜和事物供兒童去探索和發現？你能提供一個案例嗎？」

7.4 對於年齡較小的兒童，這可以包括教師示範各種感受並理解他人的感受。對於年齡較大的兒童，它可以包括關於想法、願望和情緒的對話。他們可能會用「我想知道……」這樣的表述和提問方式；他們可以解釋他們如何制定計劃，事情進展如何以及他們可能會採取甚麼不同的行動。對於那些有判斷能力的兒童，教師可以支持他們回顧自己的活動、遊戲和任何結果 / 產生等。

## 子量表 4: 支持學習和批判性思維

### 項目 10. 通過講故事、分享圖書、唱歌和韻律活動鼓勵持續共享思維

| 不足 | | 最低標準 | | 良好 | | 優良 |
|---|---|---|---|---|---|---|
| 1 | 2 | 3 | 4 | 5 | 6 | 7 |

**1.1** 在講故事/分享圖書，唱歌或韻律活動時很少有個別互動。

**1.2** 教師僅在集體活動時間講故事、分享圖書、唱歌或進行韻律活動。

**3.1** 當兒童想要聽故事、分享圖書、唱歌或進行韻律活動時，教師會作出回應，幫助他們回憶故事、尋找並閱讀圖書、一起唱歌或參與韻律活動和詞語遊戲。

**3.2** 教師邀請兒童（個別或小組）一起唱歌、參與詞語遊戲和韻律活動或講故事或看圖書。

**3.3** 教師讓兒童參與選擇歌曲、韻律活動、故事或圖書，並詢問他們的選擇。

**3.4** 教師表現出他們知道兒童喜歡的圖書、故事、歌曲或韻律活動。*

**5.1** 教師鼓勵兒童拿着書「讀」，或者複述熟悉的故事，包括他們自己的「故事」，唱歌或參與韻律活動和詞語遊戲。

**5.2** 教師使用道具、木偶或兒童自身來幫助講故事、唱歌或進行韻律活動。

**5.3** 兒童可以使用道具和木偶來幫助複述故事，並可以在自由遊戲時使用。

**5.4** 在其他活動中，教師一邊與兒童遊戲、活動，一邊唱歌、參與韻律活動和詞語遊戲。

**7.1** 教師使用常識讀物來幫助兒童理解概念。*

**7.2** 教師引導兒童參與故事、唱歌等活動，他們幫助兒童猜測熟悉的詞語、動作等，說出意見，評說故事、歌曲等，並提出一些簡單的開放性問題。*

**7.3** 教師鼓勵兒童把故事、圖書、歌曲或韻律活動和他們之前的經歷聯繫起來。

## 實例和補充信息

3.4 如果沒有觀察到，**提問**：「你如何決定選擇哪些歌曲／韻律活動／圖書／故事？有兒童最喜歡的嗎？你怎麼知道他們喜歡那些？」

7.1 證據可以包括在環境中的區域裏找到常識讀物而不僅限於圖書角，以及教師在討論時帶着它們以便讓兒童注意到。

7.2 這一條的證據可以包括教師在唱歌、閱讀時留下空白。簡單的問題可能因兒童的能力和經驗而變化。例如，它們可以是簡單的回憶故事和事件排序的問題，或者合適時問題會更複雜，例如，討論詞語的不同含義（尤其是當詞語有多種含義時），從不同角色的立場詢問故事的發展，邀請兒童來編另一個結局，問「要是……會怎樣」、「為甚麼」和「怎麼樣」的問題。

## 子量表 4: 支持學習和批判性思維

### 項目 11. 鼓勵在研究和探索中持續共享思維

| 不足 | | 最低標準 | | 良好 | | 優良 |
|---|---|---|---|---|---|---|
| 1 | 2 | 3 | 4 | 5 | 6 | 7 |

**1.1** 很少鼓勵兒童進行探索和搜尋。

**1.2** 教師對科學 / 數學 / 解決問題或概念缺乏瞭解。*

**3.1** 教師有意安排活動和開放性物料，以鼓勵探索。

**3.2** 教師與兒童討論他們的探索和搜尋。

**3.3** 教師鼓勵兒童將他們的觀察與先前的經驗或後續的活動建立聯繫，教師利用圖片（例如，圖書中或電腦上）和其他資源來支持這一點。

**5.1** 教師鼓勵兒童運用他們的想像和創造去探索和實驗。他們鼓勵兒童將物料 / 科學器材從一個區域帶到另一個區域。*

**5.2** 教師展示探索時興奮和驚奇的狀態，旨在讓兒童看到然後參與其中。

**5.3** 對兒童的行為和興趣，教師會指出、分享和解釋。他們引入簡單的科學和解釋性概念。*

**5.4** 在先前活動和探索的基礎上組織科學 / 數學活動。*

**7.1** 教師示範使用科學 / 解決問題的方法給兒童看。他們通過交談和行動幫助兒童仔細觀察、預測、期待和評估。

**7.2** 教師使用科學詞彙，例如「溶解」，將這些詞彙與兒童的經驗以及更熟悉的想法建立聯繫。* 可評為不適用：參閱補充信息。

**7.3** 教師談論並鼓勵家長 / 照顧者參與兒童的科學 / 解決問題的活動和探索。

## 實例和補充信息

1.2 在可以探索這些想法和概念的活動中,忽略了這方面的機會,例如在製作蛋糕時沒有提及融化、液體和固體等概念,沒有提及在加熱、冷卻時看到的變化等。

5.1 教師鼓勵兒童以一種探索的方式操作物料,例如,將顏料混合來觀察顏色的變化而不是繪畫,將小的玩具凍在冰塊裏來發現和談論融化。他們鼓勵兒童在遊戲中使用科學和數學資源,例如滴管、放大鏡等。

5.3 案例可以包括討論不同的質地和表面,以及它們如何影響遊戲和移動,例如粗糙的質地減緩球和自行車的速度,光滑的滑梯讓你快速前進。其他案例可以是:它很大聲因為它離得近,它看起來很小因為它很遠,並指出陰影、動物、昆蟲怎樣移動,以及植物如何生長等。

5.4 活動的進展在**教學計劃和其他記錄或評估文件**裏應該是明顯可見的。

7.2 教師將科學概念與兒童經驗聯繫起來,例如,在玩磁鐵時,介紹「吸引」和「排斥」兩個詞;在烹飪時,介紹「融化」、「液體」、「固體」;在戶外玩耍涉及到力量問題時,引入「推」和「拉」的概念,兒童在談論到這些想法和概念時有直接經驗。有時,還可以跟熟悉的想法和概念建立聯繫:它正在融化,就像你的冰淇淋在炎熱的日子裏融化那樣,磁鐵像兩個人擁抱在一起時那樣互相吸引,像把你推下滑梯或像風把你吹走那樣互相排斥。**允許不適用:**當觀察3歲以下兒童,尤其是如果他們只有2歲,或語言能力非常有限時,請你判斷引入「溶解」這樣的科學詞語是否合適。在大多數情況下,我們認為以這樣的方式豐富兒童的語言是恰當的,如果沒有出現這種情況,則意味着錯失了機會。然而,我們也認識到,在某些情況下,這可能會讓那些正在學說話的兒童感到困惑。你可能會發現第56頁的表3對支持你的決定很有幫助。如果你選擇不適用,請在評分表注明你的理由。

## 子量表 4: 支持學習和批判性思維

### 項目 12. 支持兒童的概念發展和高階思維

| 不足 | | 最低標準 | | 良好 | | 優良 |
|---|---|---|---|---|---|---|
| 1 | 2 | 3 | 4 | 5 | 6 | 7 |

**1.1** 教師似乎沒有計劃支持兒童的思維和概念發展。

**3.1** 教師設置資源，並開展成人指導活動，支持兒童的批判性思維，如排序、比較、對比和解決問題。

**3.2** 當兒童求助時，教師幫助他們為問題找到解決方案。

**5.1** 教師支持兒童充分思考他們在做甚麼，並通過示範、提出簡單開放和封閉的問題、提供額外資源來擴展他們的思考。

**5.2** 教學計劃顯示出學習的目的，學習的目的是帶出設計好的支持或拓展思考與解決問題的活動和問題。

**7.1** 鼓勵兒童為自己的學習做計劃。教師可以幫助他們收集材料、資源，列「清單」，運用照片、集思廣益或思維導圖為活動做好準備。

**7.2** 鼓勵兒童通過成人的提問來評估他們的活動和遊戲。*可評為不適用：參閱補充信息。*

**7.3** 教學計劃顯示出進展，並為兒童提供機會，例如，通過圖式、興趣來發展他們以前探索過的概念。*

**7.4** 支持兒童瞭解他們正在探索的概念如何與真實生活和他們的已有經驗相聯繫，例如，通過參訪、照片、與父母/照顧者討論。*

## 實例和補充信息

7.2 **關於允許不適用**：在觀察 3 歲以下兒童，特別是如果他們只有 2 歲或語言能力非常有限時，請運用你的專業來判斷引入評估的想法是否合適。在大多數情況下，我們相信以這樣的方式傾聽兒童，以支持他們評估能力的發展是可行的，如果這種行為沒有出現，則意味着錯失了機會。然而，我們也意識到，在某些情況下，這也許是不可能的。如果你選擇不適用，請在評分表注明你的理由。

7.3 **教學計劃**應當顯示出這一進展。

7.4 **教學計劃和其他記錄**，例如學習歷程，應當顯示出這一點。

## 子量表 5：評估學習和語言

### 項目 13. 運用評估來支持和拓展學習和批判性思維

| 不足 | | 最低標準 | | 良好 | | 優良 |
|---|---|---|---|---|---|---|
| 1 | 2 | 3 | 4 | 5 | 6 | 7 |

**1.1** 評估只是為了顯示階段性成果或活動進展情況。

**1.2** 評估僅限於指出發展中的重要階段。

**3.1** 教師對兒童進行評估，與他們當前的發展建立聯繫。*

**3.2** 教師使用評估向家長／照顧者展示進展，並支持平穩過渡。*

**3.3** 對兒童進行評估的目的是提醒教師注意任何學習和／或行為困難。*

**5.1** 教師運用評估指導未來的教學實踐，規劃成人指導的活動和環境中的材料、資源。*

**5.2** 在成人支持的活動中，教師與兒童分享簡單的學習目標，並檢查這些目標是否實現。*

**5.3** 教師不斷評估兒童參與活動的情況，並根據使用情況改變活動／資源／區域。

**7.1** 教師觀察兒童，給予回饋，提出開放性問題和建議。

**7.2** 教師聚焦於成功和困難，而不是判斷。例如，他們給出的回饋幫助兒童知道自己在哪些方面做得好，並認識到自己在學習過程中的優勢。他們給出的回饋鼓勵積極的學習品質，例如堅持、專注和有始有終。*

**7.3** 教師鼓勵兒童相互給出簡單、積極、支持性的回饋。* *可評為不適用：參閱補充信息。*

## 實例和補充信息

3.1 在此，聯繫是指，與當前兒童的發展情況相聯繫，而不是與理論上的理解（例如第 51-61 頁的「支持性材料」中提到的）相聯繫。

3.2 可以在**文件數據**中找到教師與父母 / 照顧者、兒童轉學或升學的任何機構分享評估結果的證據。如果沒有看到，那麼**提問：**「關於兒童的學習和進步，你與父母 / 照顧者分享過甚麼？如果有的話，你會把甚麼信息傳遞給兒童轉學或升學的任何機構 / 學校？」

3.3 **評估、記錄和文件數據**應當作為證據，證明教師考慮到每個兒童的發展水平，並在引起擔憂時採取適當的行動。

5.1 **教學計劃應當與評估**有明確的關係，並且在觀察到的當天的教學活動中明顯可見，除非有特別的理由偏離計劃。

5.2 在適當的情況下，教師與兒童分享簡單的學習目標，例如，今天我們將學習如何製作巧克力蛋糕或如何一起遊戲；我可以看到你正在學習磁鐵；哦，是的，我想知道我們能在花園裏找到甚麼；哦，你在攀爬木架上保持平衡……

7.2 在適當的情況下，教師通過肢體語言和口頭表達，表示驚訝、有趣和高興，或者通過討論來突出成功和挫折，給予兒童回饋，例如，我看到你在攀爬木架上玩，你的平衡很好，儘管你摔了兩次，但會再次嘗試。你非常專注，成功地翻過所有攀爬木架。你感覺怎麼樣？

7.3 關於**允許不適用：**當觀察 3 歲以下兒童時，特別是當他們只有 2 歲和 / 或只有非常有限的語言和社交情緒技巧時，請使用你的專業來判斷，引入同伴的回饋是否合適。如果你選擇允許不適用，請在評分表注明你的理由。

## 子量表 5：評估學習和語言

### 項目 14. 評估語言發展

| 不足 | | 最低標準 | | 良好 | | 優良 |
|---|---|---|---|---|---|---|
| 1 | 2 | 3 | 4 | 5 | 6 | 7 |

**1.1** 教師很少進行專門監測和評估兒童語言發展的觀察。

**3.1** 教師通過其他學習領域的情況評估兒童的語言發展，並與發展建立簡單的聯繫。*

**3.2** 教師讓父母參與他們就兒童語言發展所做的任何評估。

**3.3** 評估的目的是提醒教師注意兒童的任何語言發展困難，然後密切監測他們的進展。*

**5.1** 教師觀察兒童的語言，對兒童與成人及同伴互動的語言進行簡短的逐字取樣。*

**5.2** 教師評估和監測兒童的語言發展，考慮他們的語言表達能力、理解能力以及如何使用語言與他人分享意思。*

**5.3** 教師意識到語言可能因情境不同而有所不同，例如，家庭和機構，機構裏的不同區域，不同的教師和不同的遊戲機會。*

**7.1** 教師認識到支持兒童遊戲能有效促進語言發展。他們觀察到，為兒童的學習搭建鷹架並支持兒童與他人互動、進行更複雜的想像遊戲，能有效地促進語言發展。*

**7.2** 教師與父母／照顧者分享他們對孩子的評估和理解，並鼓勵父母／照顧者在家與孩子遊戲，以幫助他們的發展。*

## 實例和補充信息

3.1 如果沒有看到，那麼**提問：**「你如何知道兒童在語言發展方面取得了哪些進步？」

3.3 如果沒有看到，那麼**提問：**「當你關心兒童的語言發展時，你會做甚麼？你會如何使用你所掌握的關於兒童語言進步的信息？你可以舉個例子嗎？」

5.1 你需要在教師的**觀察中**看到這方面的證據。

5.2 為了拓展和支持**評估技術和教學計劃**，應該顯示教師對語言不同方面的理解。評估包括，討論兒童對語言的理解、他們的口語能力、以及反饋他們如何使用語言參與同伴的遊戲和活動；教師的計劃，包括在成人支持的活動中使用的詞彙和問題範例，以及在支持兒童發起的遊戲時，可能與個別兒童聯繫起來的詞彙和問題範例；教師會在環境中使用一致的詞彙和手勢／語言系統（Makaton，一種與不能以語言表達者溝通的語言系統）以支持語言發展。當孩子發現困難時，他們會渴望將語言、表達和理解聯繫在一起，這種聯繫通過與成人的遊戲計劃來實現，並避免給兒童帶來更多的困擾。例如，通過要求兒童不斷重複詞語、短句或者使用非常正式的方法。還包括機構外面的專業建議，例如，來自兒童個人遊戲計劃中的談話和語言治療專家的建議。

5.3 **評估、反饋技術和計劃**顯示，教師理解情境如何影響語言，還會在給父母的報告中，記錄有關兒童喜歡聊天的地點、人。

7.1 如果觀察時沒有看到，有需要時必須顯示在**教學計劃、小組計劃和個人計劃**中。（第 51-61 頁的支持材料可能有助於理解遊戲與語言發展的聯繫）

7.2 如果並未顯示在**文件數據和教學計劃**中，**提問：**「你如何讓家長參與兒童的學習成效及有何相關的支持計劃？」

## 持續共享思維和情緒健康（SSTEW）評量表評分表

保教機構 / 中心名稱：_____

觀察日期：_____　　觀察時間：從 _____ 到 _____

在保教機構 / 中心觀察到的區域：_____

_____

現場從業者 / 教師：_____

_____

觀察到的兒童年齡（範圍和平均年齡）：_____

當天觀察到的兒童人數：_____　　觀察期間班級的兒童總數：_____

保教機構 / 中心的兒童總數：_____

其他相關信息，例如，招生地區：

_____

_____

_____

觀察者姓名：_____

簽名：_____

## 觀察到的室內外區域粗略圖

# 評分表

| 子量表 1：建立信任感、自信心和獨立性 | | | |
|---|---|---|---|
| 項目 1. 自我規範和社會性發展 | | | 1  2  3  4  5  6  7 |

|  | 是 否 |  | 是 否 |  | 是 否 |  | 是 否 |
|---|---|---|---|---|---|---|---|
| 1.1 | ☐ ☐ | 3.1 | ☐ ☐ | 5.1 | ☐ ☐ | 7.1 | ☐ ☐ |
| 1.2 | ☐ ☐ | 3.2 | ☐ ☐ | 5.2 | ☐ ☐ | 7.2 | ☐ ☐ |
|  |  |  |  | 5.3 | ☐ ☐ |  |  |
|  |  |  |  | 5.4 | ☐ ☐ |  |  |

| 子量表 1：建立信任感、自信心和獨立性 | | | |
|---|---|---|---|
| 項目 2. 鼓勵選擇和獨立遊戲 | | | 1  2  3  4  5  6  7 |

|  | 是 否 |  | 是 否 |  | 是 否 |  | 是 否 |
|---|---|---|---|---|---|---|---|
| 1.1 | ☐ ☐ | 3.1 | ☐ ☐ | 5.1 | ☐ ☐ | 7.1 | ☐ ☐ |
| 1.2 | ☐ ☐ | 3.2 | ☐ ☐ | 5.2 | ☐ ☐ | 7.2 | ☐ ☐ |
|  |  | 3.3 | ☐ ☐ | 5.3 | ☐ ☐ |  |  |
|  |  | 3.4 | ☐ ☐ | 5.4 | ☐ ☐ |  |  |

| 子量表 1：建立信任感、自信心和獨立性 | | | | | | | | |
|---|---|---|---|---|---|---|---|---|
| 項目 3. 規劃小組和個別互動或成人計劃的活動 | | | | | 1 2 3 4 5 6 7 | | | |

|  | 是 否 |  | 是 否 |  | 是 否 |  | 是 否 |
|---|---|---|---|---|---|---|---|
| 1.1 | ☐ ☐ | 3.1 | ☐ ☐ | 5.1 | ☐ ☐ | 7.1 | ☐ ☐ |
| 1.2 | ☐ ☐ | 3.2 | ☐ ☐ | 5.2 | ☐ ☐ | 7.2 | ☐ ☐ |
|  |  |  |  | 5.3 | ☐ ☐ | 7.3 | ☐ ☐ |

| 子量表 2：社會性和情緒健康 | | | | | | | | |
|---|---|---|---|---|---|---|---|---|
| 項目 4. 支持社會性和情緒健康發展 | | | | | 1 2 3 4 5 6 7 | | | |

|  | 是 否 |  | 是 否 |  | 是 否 |  | 是 否 |
|---|---|---|---|---|---|---|---|
| 1.1 | ☐ ☐ | 3.1 | ☐ ☐ | 5.1 | ☐ ☐ | 7.1 | ☐ ☐ |
| 1.2 | ☐ ☐ | 3.2 | ☐ ☐ | 5.2 | ☐ ☐ | 7.2 | ☐ ☐ |
| 1.3 | ☐ ☐ | 3.3 | ☐ ☐ | 5.3 | ☐ ☐ | 7.3 | ☐ ☐ |
|  |  | 3.4 | ☐ ☐ | 5.4 | ☐ ☐ | 7.4 | ☐ ☐ |

| 子量表 3：支持並拓展語言和溝通能力 | | | | | | | | |
|---|---|---|---|---|---|---|---|---|
| 項目 5. 鼓勵兒童與他人交談 | | | | | 1 2 3 4 5 6 7 | | | |

|  | 是 否 |  | 是 否 |  | 是 否 |  | 是 否 |
|---|---|---|---|---|---|---|---|
| 1.1 | ☐ ☐ | 3.1 | ☐ ☐ | 5.1 | ☐ ☐ | 7.1 | ☐ ☐ |
| 1.2 | ☐ ☐ | 3.2 | ☐ ☐ | 5.2 | ☐ ☐ | 7.2 | ☐ ☐ |
| 1.3 | ☐ ☐ |  |  | 5.3 | ☐ ☐ | 7.3 | ☐ ☐ |
|  |  |  |  | 5.4 | ☐ ☐ | 7.4 | ☐ ☐ |

| 子量表 3：支持並拓展語言和溝通能力 | | | | | | | | | | | | |
|---|---|---|---|---|---|---|---|---|---|---|---|---|
| 項目 6. 教師積極傾聽兒童並鼓勵兒童傾聽 | | | | | | | 1 | 2 | 3 | 4 | 5 | 6 7 |

|  | 是 | 否 |  | 是 | 否 |  | 是 | 否 |  | 是 | 否 |
|---|---|---|---|---|---|---|---|---|---|---|---|
| 1.1 | ☐ | ☐ | 3.1 | ☐ | ☐ | 5.1 | ☐ | ☐ | 7.1 | ☐ | ☐ |
| 1.2 | ☐ | ☐ | 3.2 | ☐ | ☐ | 5.2 | ☐ | ☐ | 7.2 | ☐ | ☐ |
|  |  |  | 3.3 | ☐ | ☐ | 5.3 | ☐ | ☐ |  |  |  |

| 子量表 3：支持並拓展語言和溝通能力 | | | | | | | | | | | | |
|---|---|---|---|---|---|---|---|---|---|---|---|---|
| 項目 7. 教師支持兒童使用語言 | | | | | | | 1 | 2 | 3 | 4 | 5 | 6 7 |

|  | 是 | 否 |  | 是 | 否 |  | 是 | 否 |  | 是 | 否 |
|---|---|---|---|---|---|---|---|---|---|---|---|
| 1.1 | ☐ | ☐ | 3.1 | ☐ | ☐ | 5.1 | ☐ | ☐ | 7.1 | ☐ | ☐ |
| 1.2 | ☐ | ☐ | 3.2 | ☐ | ☐ | 5.2 | ☐ | ☐ | 7.2 | ☐ | ☐ |
| 1.3 | ☐ | ☐ | 3.3 | ☐ | ☐ | 5.3 | ☐ | ☐ |  |  |  |

| 子量表 3：支持並拓展語言和溝通能力 | | | | | | | | | | | | |
|---|---|---|---|---|---|---|---|---|---|---|---|---|
| 項目 8. 具有專業敏感性的回應 | | | | | | | 1 | 2 | 3 | 4 | 5 | 6 7 |

|  | 是 | 否 |  | 是 | 否 |  | 是 | 否 |  | 是 | 否 |
|---|---|---|---|---|---|---|---|---|---|---|---|
| 1.1 | ☐ | ☐ | 3.1 | ☐ | ☐ | 5.1 | ☐ | ☐ | 7.1 | ☐ | ☐ |
| 1.2 | ☐ | ☐ | 3.2 | ☐ | ☐ | 5.2 | ☐ | ☐ | 7.2 | ☐ | ☐ |
| 1.3 | ☐ | ☐ | 3.3 | ☐ | ☐ | 5.3 | ☐ | ☐ | 7.3 | ☐ | ☐ |
| 1.4 | ☐ | ☐ |  |  |  |  |  |  |  |  |  |

## 子量表 4：支持學習和批判性思維

### 項目 9. 支持好奇心和解決問題

| | 1 | 2 | 3 | 4 | 5 | 6 | 7 |
|---|---|---|---|---|---|---|---|

| | 是 | 否 | | 是 | 否 | | 是 | 否 | | 是 | 否 |
|---|---|---|---|---|---|---|---|---|---|---|---|
| 1.1 | ☐ | ☐ | 3.1 | ☐ | ☐ | 5.1 | ☐ | ☐ | 7.1 | ☐ | ☐ |
| 1.2 | ☐ | ☐ | 3.2 | ☐ | ☐ | 5.2 | ☐ | ☐ | 7.2 | ☐ | ☐ |
| | | | 3.3 | ☐ | ☐ | 5.3 | ☐ | ☐ | 7.3 | ☐ | ☐ |
| | | | | | | | | | 7.4 | ☐ | ☐ |

## 子量表 4：支持學習和批判性思維

### 項目 10. 通過講故事、分享圖書、唱歌和韻律活動鼓勵持續共享思維

| | 1 | 2 | 3 | 4 | 5 | 6 | 7 |
|---|---|---|---|---|---|---|---|

| | 是 | 否 | | 是 | 否 | | 是 | 否 | | 是 | 否 |
|---|---|---|---|---|---|---|---|---|---|---|---|
| 1.1 | ☐ | ☐ | 3.1 | ☐ | ☐ | 5.1 | ☐ | ☐ | 7.1 | ☐ | ☐ |
| 1.2 | ☐ | ☐ | 3.2 | ☐ | ☐ | 5.2 | ☐ | ☐ | 7.2 | ☐ | ☐ |
| | | | 3.3 | ☐ | ☐ | 5.3 | ☐ | ☐ | 7.3 | ☐ | ☐ |
| | | | 3.4 | ☐ | ☐ | 5.4 | ☐ | ☐ | | | |

## 子量表 4：支持學習和批判性思維

### 項目 11. 鼓勵在研究和探索中持續共享思維

| | 1 | 2 | 3 | 4 | 5 | 6 | 7 |
|---|---|---|---|---|---|---|---|

| | 是 | 否 | | 是 | 否 | | 是 | 否 | | 是 | 否 | 不適用 |
|---|---|---|---|---|---|---|---|---|---|---|---|---|
| 1.1 | ☐ | ☐ | 3.1 | ☐ | ☐ | 5.1 | ☐ | ☐ | 7.1 | ☐ | ☐ | |
| 1.2 | ☐ | ☐ | 3.2 | ☐ | ☐ | 5.2 | ☐ | ☐ | 7.2 | ☐ | ☐ | ☐ |
| | | | 3.3 | ☐ | ☐ | 5.3 | ☐ | ☐ | 7.3 | ☐ | ☐ | |
| | | | | | | 5.4 | ☐ | ☐ | | | | |

| 子量表 4：支持學習和批判性思維 |||||||||
|---|---|---|---|---|---|---|---|---|
| 項目 12. 支持兒童的概念發展和高階思維 | 1 | 2 | 3 | 4 | 5 | 6 | 7 ||

|  | 是 | 否 |  | 是 | 否 |  | 是 | 否 |  | 是 | 否 | 不適用 |
|---|---|---|---|---|---|---|---|---|---|---|---|---|
| 1.1 | ☐ | ☐ | 3.1 | ☐ | ☐ | 5.1 | ☐ | ☐ | 7.1 | ☐ | ☐ |  |
|  |  |  | 3.2 | ☐ | ☐ | 5.2 | ☐ | ☐ | 7.2 | ☐ | ☐ | ☐ |
|  |  |  |  |  |  |  |  |  | 7.3 | ☐ | ☐ |  |
|  |  |  |  |  |  |  |  |  | 7.4 | ☐ | ☐ |  |

| 子量表 5：評估學習和語言 |||||||||
|---|---|---|---|---|---|---|---|---|
| 項目 13. 運用評估來支持和拓展學習和批判性思維 | 1 | 2 | 3 | 4 | 5 | 6 | 7 ||

|  | 是 | 否 |  | 是 | 否 |  | 是 | 否 |  | 是 | 否 | 不適用 |
|---|---|---|---|---|---|---|---|---|---|---|---|---|
| 1.1 | ☐ | ☐ | 3.1 | ☐ | ☐ | 5.1 | ☐ | ☐ | 7.1 | ☐ | ☐ |  |
| 1.2 | ☐ | ☐ | 3.2 | ☐ | ☐ | 5.2 | ☐ | ☐ | 7.2 | ☐ | ☐ |  |
|  |  |  | 3.3 | ☐ | ☐ | 5.3 | ☐ | ☐ | 7.3 | ☐ | ☐ | ☐ |

| 子量表 5：評估學習和語言 |||||||||
|---|---|---|---|---|---|---|---|---|
| 項目 14. 評估語言發展 | 1 | 2 | 3 | 4 | 5 | 6 | 7 ||

|  | 是 | 否 |  | 是 | 否 |  | 是 | 否 |  | 是 | 否 |
|---|---|---|---|---|---|---|---|---|---|---|---|
| 1.1 | ☐ | ☐ | 3.1 | ☐ | ☐ | 5.1 | ☐ | ☐ | 7.1 | ☐ | ☐ |
|  |  |  | 3.2 | ☐ | ☐ | 5.2 | ☐ | ☐ | 7.2 | ☐ | ☐ |
|  |  |  | 3.3 | ☐ | ☐ | 5.3 | ☐ | ☐ |  |  |  |

# 持續共享思維和情緒健康（SSTEW）評量表概覽

## 子量表 1：建立信任感、自信心和獨立性

觀察者 1　觀察者 2　觀察者 3

子量表的平均分

1　2　3　4　5　6　7

1. 自我規範和社會性發展
2. 鼓勵選擇和獨立遊戲
3. 規劃小組和個別互動或成人計劃的活動

## 子量表 2：社會性和情緒健康

觀察者 1　觀察者 2　觀察者 3

子量表的平均分

4. 支持社會性和情緒健康發展

## 子量表 3：支持並拓展語言和溝通能力

觀察者 1　觀察者 2　觀察者 3

子量表的平均分

5. 鼓勵兒童與他人交談
6. 教師積極傾聽兒童並鼓勵兒童傾聽
7. 教師支持兒童使用語言
8. 具有專業敏感性的回應

## 子量表 4：支持學習和批判性思維

觀察者 1　觀察者 2　觀察者 3

子量表的平均分

9. 支持好奇心和解決問題
10. 通過講故事、分享圖書、唱歌和韻律活動鼓勵持續共享思維
11. 鼓勵在研究和探索中持續共享思維
12. 支持兒童的概念發展和高階思維

## 子量表 5：評估學習和語言

觀察者 1　觀察者 2　觀察者 3

子量表的平均分

13. 運用評估來支持和拓展學習和批判性思維
14. 評估語言發展

1　2　3　4　5　6　7

## 支持性材料：與持續共享思維和情緒健康（SSTEW）評量表相關的兒童發展內容

這些材料提供了一些可供選擇的信息，這些信息着眼於兒童發展的各個方面，與 SSTEW 評量表涉及的實踐有關。在此，我們不是為兒童發展提供一個全面的指南，也不打算涵蓋 SSTEW 評量表中包含的所有方面。它只是介紹評量表中一些基本的發展概念，可能有助於評估者認識自己正在觀察着的兒童，當中也包括那些有特殊學習需要的兒童。

SSTEW 評量表中兒童的年齡範圍是 2 至 5 歲。下文提供的信息涵蓋了更廣的年齡範圍，從出生到 5 歲（有時更大一點），因為人們認識到，有些兒童將無法達到他們通常所期望的發展水平。下表所涵蓋的年齡範圍主要遵循以下分段方式：嬰兒（出生到 20 個月）、學步兒（16-36 個月）和幼兒（30-60 個月）。這些年齡界定，最初是在英國的《早期教育專業認證》（Early Years Professional Status）中提出的（CWDC, 2010 年）。

我們選擇的年齡範圍是有意重疊的，因為我們認識到兒童是以自己的速度和方式發展的。表中的陳述及其發展順序，並不是每個兒童經歷的必要步驟，也不能作為「年齡和階段」技能狀況的檢核表。它們只是支持觀察適宜性實踐的指引。

我們不參與後結構主義（post-structuralist）、現代主義（modernist）關於兒童發展理論在早期教育中使用或運用的辯論，這在金斯頓（Kingston）和西拉傑（Siraj）（即將出版）的著作中有更詳細的論述。但重要的是要指出，我們期望實踐對兒童群體的需要在文化方面具有敏感性。SSTEW 評量表和簡介中提到的所有環境評量表一樣，在支持早期教育的發展適宜性實踐上是有歷史根基的，是對相關研究的回應。我們認可關於有效實踐的新思想和新見解，我們對兒童早期發展的看法與業界日益認可的當代發展理論是一致的（例如 Walsh，2005 年；Daniels 和 Clarkson，2010 年；Doherty 和 Hughes，2014 年）。當代兒童發展觀認為，發展理論的有效運用不僅需要關注個別兒童，還需要關注更大的社會文化背景以及所處的本土環境，包括其中的文化、信仰和期望。

最近的研究指出，兒童發展的許多方面對支持和培育幼兒特別重要，因為他們對兒童後期的社交情緒和認知發展具有很強的持續影響，這些發展包括發展積極的人際關係和兒童的社交情緒健康，這能夠支持他們發展規範情緒的能力，進一步提高他們的執行能力（如專注的能力），並促進積極學習的發展（Raver 等，2007 年；Whitebread，2012 年；Siraj 和 Asani，2015 年）。SSTEW 評量表考慮到了支持自我規範的實踐：為兒童提供情緒上的溫暖和安全感、自我控制和自主的感覺、認知上的挑戰，結合他們的學習，使兒童更加瞭解自己思維和學習的心理過程。有意思的是，這些也似乎是持續共享思維（SST）的先決條件。它們已被確認是那些兒童發展成果有所改善的教育機構的高質量實踐的一個重要方面（Siraj-Blatchford 等，2002 年；Siraj-Blatchford，2009 年；Sylva 等，2010 年）。

在下面的第 1 和第 2 部份，我們討論了 2 至 5 歲兒童社會性和情緒發展的一些方面，以及對 SSTEW 評量表的影響；在第 3 和第 4 部份，我們考慮了一些重要的認知方面發展，即與成人支持有關的注意力和語言方面的發展。這些內容能夠幫助我們認可良好的實踐，例如為兒童的學習搭建鷹架。最後，有一個關於遊戲的簡短章節，包含遊戲與社會性發展、語言發展、注意力之間的關係。

## 1. 社會性發展

我們沒有考慮社會性發展的整個領域，我們關注的是與 SSTEW 評量表特別相關的方面，以及與評量表所列兒童的年齡範圍有關的發展方面；社會化，包括分享、輪流、安慰心煩意亂的人等，在此都是相關的。有大量證據表明這些技能隨着年齡的增長而發展（例如，Piaget，1932 年；Kohlberg，1969 年；Durkin，1995 年），並且受成人養育和支持兒童的方式所影響。

親社會行為的研究表明，親社會行為在幼兒中是比較普遍的，尤其是在受到鼓勵和得到回報的情況下。父母教養方式的研究表明，權威風格（不要與專制風格混淆！）支持整個童年的社會性和情緒發展（Durkin，1995 年；Baumrind，1989 年；Daglar 等，2011 年）。在 SSTEW 評量表中，可以找到權威教養方式的多個方面，尤其是它明確表示期望從業者在滿足兒童需要的同時，能夠設定明確的限制，期望和加強社會性成熟行為，也就是說，從業者在溫暖和養育的環境中可以調控局面。

在 SSTEW 評量表中，還期望從業者認識到，在不同年齡範圍內，遵守規則和與他人交往的能力可能會有所不同，3 歲和 4 歲的兒童比 3 歲以下的兒童更有可能分享和輪流。托馬斯（Thomas，2008 年）認為，幼兒通過一個漸進的過程逐漸瞭解輪流和分享的技能：首先在成人的支持下幫助兒童「等待一分鐘」；然後通過在有意識組織的遊戲中輪流，逐漸增加等待時間；最後在自選活動中輪流。這樣做的目的是，當兒童 5 歲時，他們就應該能夠自信地輪流和分享。這一點，反映在評量表中，考慮到個別差異，提示我們實踐適合兒童的能力和當前的成就。在具體提到社交技能時，指標是通用的，適用於所有兒童及能力範圍，例如，「教學計劃明顯蘊涵了學習的意圖，這些計劃是為了支持社交而設計的，包括在適當時鼓勵合作的活動和遊戲」（子量表 2，項目 4，指標 5.2）。

## 2. 情緒發展

當支持兒童的發展和規劃他們的學習時，特別是當他們還是嬰兒或有特別學習需求時，理解情緒發展的幾個方面是有益的。基南（Keenan）和埃文斯（Evans）（2009 年）談論了情緒發展的兩個方面，這兩個方面同時發展：情緒表達和情緒理解，情緒表達傾向先於情緒理解。

新生兒和非常小的嬰兒（出生到 20 個月）的情緒發展似乎僅限於情緒表達，由周圍的成年人作出解釋。最初，這些情緒表達與反射反應密切相關。因此，新生兒或嬰兒可能會表現出

驚恐和痛苦的反應，並表現出厭惡。然後，當他們成長並開始與外界和人互動時，會發展出社交微笑、大笑、生氣、驚訝、悲傷和恐懼的情緒表達。在他們的發展中，很多嬰兒，但不是所有的嬰兒，通常在出生後 6 個月的時候，會表現出「陌生人焦慮」（stranger distress）。「陌生人焦慮」是對陌生人的真正的恐懼（Sroufe，1996 年），通常持續約兩到三個月，甚至可能超過一年。這視乎家長和從業者是否瞭解「陌生人焦慮」是嬰兒發展中非常自然的一部份，是他們對主要照顧者、近親和經常見面的人逐步熟悉並認識的信號。

嬰兒發展的一種非常重要和相對複雜的情緒理解被稱為「社會性參照」(social referencing)。嬰兒使用「社會性參照」來幫助他們理解世界和周圍發生的事情。他們觀察其他人的情緒反應和表達（通常是他們熟悉的人），來幫助他們解釋事件和狀況。特別是他們不確定或者發現一個難以掌握或模棱兩可的狀況時，他們會映射出他們看到的反應和表達。理解這一點可能有助於從業者認識到明確的表達和適當誇張的表達對增進理解的重要性，同時提醒他們如何「捕捉」情緒。

學步兒（16-36 個月）通過發展出的羞恥感和自豪感（通常伴隨着嫉妒、內疚和尷尬），進一步改善和擴展他們的情緒表達。從業者認識到這點很重要，因為這些情緒表達表明他們對自我和他人有更深入的理解，以及有與他人比較的能力和傾向。這樣的行為自然會影響兒童對自己和自尊的理解。通常，學步兒已經掌握他們在童年和將來會使用的主要情緒表達方式。下一步，他們需要加深對情緒的理解，以幫助他們發展友誼和其他社會關係，以及在自我規範情緒方面的技能。

大多數幼兒（30-60 個月）有一個完整的情緒表達方式，在這一階段的成長和發展，增加了他們對「情緒顯示規則」的理解。這些規則決定了哪些情緒在特定情況下表達是適宜的（Saarni 等，1998 年）。幼兒需要學會甚麼時候表達甚麼情緒，並準確地「讀懂」其他兒童的情緒表達。這在 SSTEW 評量表中有清晰的說明。

有意思的是，Keenan 和 Evans（2009 年）認為，幼兒無法理解人們可以連續或同時體驗兩種或兩種以上的情緒。因此，如果他們看到人們在婚禮上哭泣和微笑，似乎同時表達喜悅和悲傷兩種情緒，可能會變得非常困惑。大約 6 歲的兒童開始理解情緒的邏輯，9 歲的兒童可以理解同時出現的相同或同類的情緒，例如，一個 9 歲的兒童也許能解釋「她打我，我很生氣和傷心」，也能回應一系列相關事件：「我很樂意去那裏，如果她也來了，我會感到吃驚」，但不是婚禮上客人又哭又笑的行為。隨着年齡的增長，Keenan 和 Evans（2009 年）認為，兒童到 11 歲才開始理解一件事情可以同時引發多種不同的感受：「我打他因為他讓我非常生氣，但同時我對後果感到內疚和擔心。」如果這些是對年齡和情緒發展關係的準確判斷，那麼對從業者而言合情合理的做法是，需要在童年時期就開始支持兒童理解情緒。

值得注意的是，有關支持幼兒解決衝突的策略，例如這裏列出的解決衝突的六個步驟，與這種情緒發展的描述是一致的：
- 步驟一：平靜地靠近，阻止任何傷害行為
- 步驟二：接納兒童的感受
- 步驟三：收集信息
- 步驟四：重述問題
- 步驟五：尋求解決方案，並從中選擇一個
- 步驟六：做好跟進的準備（HighScope, 2014 年）

首先，這些步驟是系統性的，涉及冷靜的成年人（認識社會性參照），也期望成年人支持對情緒的識別和命名（情緒顯示規則）。這個系統性策略傾向於避免考慮情緒產生的連續性（這會令人困惑），並非常注重尋找解決問題的方案。

**表 1：情緒表達和理解的發展，描述典型的發展順序和大致的年齡範圍**

（注意：這個指引是用來支持對實踐和計劃的觀察。）

| 年齡 | 情緒表達 | 情緒理解 |
|---|---|---|
| 新生兒 /<br>很小的嬰兒 | • 驚恐、厭惡、痛苦 | |
| 嬰兒<br>（0-20 個月） | • 社交性微笑<br>• 大笑、生氣、感興趣、驚喜、悲傷<br>• 恐懼<br>• 陌生人焦慮 | • 社會性參照 |
| 學步兒<br>（16-36 個月） | • 羞愧、驕傲<br>• 嫉妒、內疚、尷尬 | |
| 幼兒<br>（30-60 個月） | | • 情緒顯示規則 |
| 6-8 歲 | | • 意識到兩種情緒可以依次發生 |
| 9 歲或<br>9 歲以上 | | • 意識到同類情緒可以同時出現 |
| 11 歲 | | • 意識到一個事件能引發多種感受 |

改編自 Keenan 和 Evans, 2009 年

## 3. 認知發展

### 3a. 認知發展：注意力

注意力，正如本附錄的導論段落中所討論的，被視為自我規範的一個重要方面。它也遵循一定的發展軌跡，並將影響兒童回應同伴和成年人、專注於活動和遵守規則的能力。

下表以 Cooper 等人（1978 年）的工作和改編自其他來源的信息為基礎而制。Cooper 是最早研究注意力發展的，其他來源例如《早期基礎階段實踐指南》(Development Matters in the Early Years Foundation Stage)（早期教育，2012 年）。注意力發展包括兩個重要的方面：增強注意力的規範能力與靈活性。SSTEW 評量表，重視注意力的發展，認識到注意力技能的發展可能經由單向注意到交替注意再到多向注意；評量表也關注個體差異，並且認識到一些兒童在保持注意力和在不同焦點之間轉換注意力方面需要得到支持。

### 表 2：注意力發展的一般順序和年齡階段

（注意：這個指引旨在支持對實踐的觀察和在觀察基礎上的計劃。）

---

**注意力**

**嬰兒（0-20 個月）**
- 最初，兒童的**注意力**從一個物體、一個人或一個事件轉移到另一個物體、另一個人或另一個事件上，嬰兒很容易分心。
- 漸漸地，兒童開始專注於環境的一個方面（**單向注意**），但不能容忍任何干擾。

**學步兒（16-36 個月）**
- 最初，學步兒表現出**單向注意**。他們能專注於自己選擇的活動，但不能接受任何語言或非語言的干擾。這個階段的孩子，不太可能聽到成人要求他們現在就收拾東西的聲音。
- 漸漸地，在成人的幫助下，他們可以在活動之間轉換，例如，玩遊戲的時候，成人輕輕地觸碰他們的手臂，他們就會看着成人並傾聽。聽完後，成人再讓他們回到遊戲中，他們可以做到。**在有支持的情況下，他們可以交替注意。**

**幼兒（30-60 個月）**
- 最初，這個年齡的幼兒仍然表現出單向注意，但也能在沒有成人刻意支持的情況下**自然地交替注意**。
- 漸漸地，幼兒的注意力可以兼顧來自**兩個通道**的信息，所以幼兒在遊戲中也能聽到和注意到指令。他們的注意力時間可能**不長**，但分組教學是可能的。
- 注意力的最後階段（5 歲時可能無法實現）是注意力可以兼顧來自**多向**的信息，這種能力形成了就會**穩定**並**保持**下來。聽覺、視覺和掌控注意力的通道是一體的。漸漸地，幼兒能夠自然地撤除多餘的無關信息，專注於環境中的重要方面。

改編自 Cooper 等，1978 年

### 3b. 認知發展：語言發展

在 SSTEW 評量表所涵蓋的年齡範圍內，兒童的語言發展會有很大變化，儘管這裏描述的語言發展與年齡範圍有關，但這並不是重要的因素。這裏所提供的信息是用來支持對口語或表達性語言的評估，這個評估是為了支持下一步的實踐和計劃，即成人在支持兒童下一步的學習中承擔怎樣的角色。表 3 包含了對兒童表達性語言的簡要描述，總結了成人在兒童成就中的相關角色。

在早期教育機構中，表達性語言的能力發展情況可能會有所不同：一些兒童處於前語言階段，有的可以用單個詞語，有的可以用兩或三個詞語的組合，有的會用簡單的句子，最後，有的兒童可能會用更長、更複雜的句子，並能進行長時間的對話。評量表認識到這種多樣性，並考慮根據兒童的個別需要支持和為他們的學習搭建鷹架。

**表 3：簡要概述典型的語言發展，描述一般的發展順序、年齡階段以及一些支持發展的實踐**

| 1. 發現者<br>（0-8 個月） | 最初，溝通是通過反射進行的，然後嬰兒對他人產生真正的興趣，想要得到關注，表現出感情、意圖，並模仿他人。<br>*我哭泣，微笑，發出聲音，跟隨你的目光。* | 成人必須為嬰兒解釋意義。<br>他們應該與嬰兒交談，參與嬰兒主導的談話。<br>隨着嬰兒的發展，成人模仿他們的聲音，並添加新的聲音。嬰兒回應及開始以簡單的順序重複聲音，並且與成人互動。<br>成人給遊戲添加新的動作，例如，用手、帽子等躲貓貓，唱歌和進行韻律活動。<br>成人設立新的簡單的常規，並在日常生活中實施：餵食、換尿布、穿脫衣服、溝通。 |
|---|---|---|
| 2. 溝通者<br>（8-13 個月） | 嬰兒直接向他人發送有目的的信息。他們使用眼睛注視、面部表情、聲音和手勢的組合。嬰兒變得非常熱衷於交際。<br>*我發出聲音，我看、做手勢和「說話」。* | 成人幫助嬰兒學習一兩個詞語。<br>他們使用手勢，特別是用手指來幫助理解。<br>他們重複與常規活動有關的語言：更多、出來、進去、向上、再見、走了。<br>他們解釋溝通的多種目的：你要、喜歡、累了、餓了。<br>他們開始用替代物來遊戲，例如，自我遊戲中的一個杯子。<br>他們用大型玩具來演示簡單的假扮遊戲。<br>他們分享配有照片的圖畫書，用球或搖鈴玩輪流的遊戲，玩捉迷藏遊戲，玩來回推動的玩具。 |

| | | |
|---|---|---|
| 3. 早期詞語使用者<br>（12-18 個月） | 嬰兒破解「語言代碼」，開始使用單個詞語。<br>*我正在學習越來越多的單個詞語。* | 成人為物品和行為提供合適有用的詞彙，用關鍵詞解釋嬰兒的遊戲。<br>他們給出口頭選擇（也被稱為強制性選擇）。例如，「鞋子或襪子？」、「牛奶或果汁？」、「汽車或書？」——即提供兩件物品的同時給出選擇。注：他們不會撤回一件物品。如果兒童沒有回應，他們會做出最好的猜測。<br>他們先說出一個句子，並讓兒童完成它：「它會到——（箱子）裏去。」<br>用同樣的方式繼續進行遊戲、閱讀書籍等。 |
| 4. 組合者<br>（18-24 個月） | 學步兒的詞彙量大幅度增加，並開始組合詞語。他們也開始在互動中進行更多的輪流。<br>*我用兩個詞，結合語調、手勢和上下文來形成簡單的「句子」。* | 成人參與更多和更長的口語交流。<br>他們用精簡的句子解釋兒童遊戲，支持並加入遊戲中。<br>他們給出口頭選擇（也被稱為強制性選擇），例如，「穿上鞋子或襪子？」、「更多的牛奶或更多的果汁？」、「泰迪熊跳起來或坐下？」<br>他們說出一個句子，讓兒童完成：「兔子將去——（箱子裏）。」<br>他們重複兒童說的話，增加一兩個額外的詞語。 |
| 5. 早期句子使用者<br>（2-3 歲） | 學步兒從兩個詞語的句子發展成五個詞語的句子，並能進行簡短的對話。<br>*我能說出簡單的句子，並能把想法合併進行對話。* | 成人傾聽兒童，並拓展故事和遊戲。<br>成人說明理解與概念有關的語言，例如：在……裏面、在……上面、在……下面、大、小、長、空、濕、硬、第一、一樣。<br>成人也支持合作和假裝遊戲。 |
| 6. 後期句子使用者<br>（3-5 歲） | 幼兒使用長而複雜的句子，可以進行長時間的對話。<br>*我可以分享我的想法和經驗，在遊戲中發揮我的想像力，提出問題並遵循簡單的指令。* | 成人在較長的對話中支持語言和思維。<br>成人支持解決問題、反思和評估活動，他們用提問來幫助思考。<br>成人通過不同類型的遊戲、選擇性的活動、設定挑戰、社會-戲劇性合作遊戲（socio-dramatic collaborative play）等來支持學習。<br>成人閱讀故事和記敘文，示範思維方式和語言，通過扮演角色、提供道具等來拓展遊戲。 |

改編自 Hanen's 第三 A, 增加兒童的語言 (Hanen's third A, Adding to the children's language) (Weitzman and Greenberg, 2002 年)

## 4. 遊戲

### 4a. 遊戲：遊戲中的社會性參與

遊戲被認為是學習的重要媒介，對兒童的全面發展具有重要意義。對於從業者來說，如果要做到具有專業敏感性地支持和拓展思維及學習，並持續共享思維（SST），關鍵是要理解遊戲。遊戲，以及成人在其中的角色，是 SSTEW 評量表的關鍵方面。很多有見識和富有成就的作者和編輯，在幼兒教育和照顧方面，發表了大量有關遊戲的文章（例如 Moyles, 2010 年；Broadhead 等, 2010 年）。這裏我們不打算詳細討論遊戲；我們僅討論兒童在早期遊戲發展中的社會性參與；最後，我們會考慮戲劇性和社會–戲劇性遊戲可能支持兒童發展的一些方面，以及它們如何影響實踐。

多年來，遊戲被認為在幼兒時期是很重要的。我們首先考慮兒童的遊戲和社會性參與如何互相聯繫，借鑒 Parten（1932年）的遊戲行為類別。Parten 是遊戲領域的先驅，研究了 2 至 5 歲兒童的遊戲。她發現，遊戲中社交活動的頻率隨着年齡的增長而增長，因此年齡較大的兒童更有可能參與合作性遊戲。正如當今很多數據顯示，這些分類在今天仍然具有現實意義（例如 Siraj 和 Asani, 2015 年）。在 Parten 之後，與她對遊戲的最初想法接近，是在教育機構中 3 歲和 4 歲兒童最常見遊戲類型的平行遊戲，它被認為是合作遊戲的初期形式（Bakeman 和 Brownlee, 1982 年）。然而，在 SSTEW 評量表中，我們承認多樣性和個別兒童的需要，因此鼓勵為所有類型的社會性參與遊戲提供機會和支持。

**表 4：與年齡範圍相關的社會性參與遊戲的發展**
（注意：在觀察期間可能會看到這些情況，不同年齡範圍內對遊戲的期望及其實踐可能會有所不同。）

**Parten，1932 年（2-5 歲兒童社會性參與遊戲的 6 種類別）**

**無所事事的行為 (Unoccupied behaviour)**：兒童沒進行遊戲，但可能會短暫地關注周圍的活動；也就是說，他們在等待，活動明顯很少。（**學步兒 16-36 個月，幼兒 30-60 個月**）

**單獨遊戲 (Solitary play)**：兒童獨自遊戲，他們的遊戲是個別化的，他們很少或根本不關注周圍其他兒童和他們的活動。（**學步兒 16-36 個月**）

**旁觀者行為 (Onlooker behaviour)**：兒童看其他兒童遊戲。他們可能與他人交談，但不會參與，例如，看着其他人。（**學步兒 16-36 個月，幼兒 30-60 個月**）

**平行遊戲 (Parallel play)**：兒童在其他兒童旁邊遊戲，進行類似的活動。他們可能模仿他人，但沒有真正的互動，也看不到共同商定的目標。（**學步兒 16-36 個月，幼兒 30-60 個月**）

**聯合遊戲 (Associative play)**：兒童與其他兒童分享資源，但是沒有發展真正的角色或者情節。（**幼兒 30-60 個月**）

**合作遊戲 (Co-operative play)**：兒童作為小組的一份子進行遊戲。遊戲包括規則、角色扮演、模仿活動等。（**幼兒 30-60 個月或更大**）

改編自 Parten，1932 年

SSTEW 評量表認識到，兒童可能希望單獨遊戲、平行遊戲或在小組和更大群體中一起遊戲，這取決於兒童的個人發展、先前經驗和成就，這也是為甚麼實踐和環境應該允許所有水平的社會性參與遊戲。SSTEW 評量表認可這一點，但也注意到社會性參與遊戲的進展以及從業者理解這一點的重要性，以支持有效的實踐，包括為兒童的遊戲搭建鷹架並支持其遊戲。

### 4b. 遊戲：早期遊戲發展

除了提供遊戲的機會和重視遊戲外，SSTEW 評量表還考慮從業者是否在兒童遊戲中發揮積極和專業敏感性的作用，支持幼兒邀請成人參與遊戲的實踐。這樣的實踐包括，考慮到允許兒童主導並尊重兒童的遊戲水平和規則的實踐。另外，還考慮到支持兒童以及強化和深化他們遊戲的重要性，這就需要理解遊戲是如何發展的，需要具備評估和規劃遊戲的能力。

**表 5：根據 McConkey（無日期）從出生到 3 歲遊戲進展情況的描述**

（注意：該表可潛在地支持從業者參與和評估幼兒的遊戲，並提供年齡較大的兒童在參與遊戲時需要的額外支持。）

| 嬰兒、學步兒、幼兒的早期探索和遊戲 |
|---|
| 嬰兒（0-20 個月） |
| • **探索遊戲 (Exploratory play)**：最初，嬰兒通過嘴咬、檢查、感覺、揉捏、搖晃、在牆上或地板上敲擊物體、看空中落物、扔物體、滑動、操作物體的部件等方式探索物體、自己身體及周圍環境。<br>• **關係遊戲 (Relational play)**：後來，嬰兒參與關係遊戲，探究物理屬性和 / 或它們的用途。探究物理屬性的例子包括：撞擊手持的兩個物體，把一個物體放在另一個物體的裏面或上面，把圓環取下來或把圓環疊放，用兩個立方體建造一座塔。探索物體用途的例子包括：把勺子放在杯子裏，把枕頭放在床上，把床單放在床上，把桌布放在桌子上，把椅子靠近桌子，用梳子梳頭髮。 |
| 嬰兒（0-20 個月）和學步兒（16-36 個月） |
| • **自我假扮遊戲 (Self-pretend play)**：（這通常出現在探索和關係遊戲之後）例如：用杯子、勺子餵自己，發出餵食的聲音，梳頭髮、自己洗澡、在玩偶的床上或者枕頭上睡覺、坐在玩偶的椅子上、自己穿玩偶的衣服等。我們知道這是遊戲因為它發生在常規以外的處境和時間，例如：在非晚餐時間假扮吃東西。<br>• **玩偶假扮遊戲 (Doll pretending)**：（這標誌着開始玩不以自我為中心的遊戲，例如，假扮的角色不再是自己，可能是關係遊戲，也可能不是。）關係遊戲的例子：用杯子 / 勺子餵玩偶，梳 / 刷玩偶的頭髮，清洗玩偶，把玩偶放在床上 / 枕頭上，讓玩偶坐在椅子上，給玩偶穿 / 脫衣服。單獨的玩偶遊戲例子：親吻玩偶，讓玩偶走路，讓玩偶跳起來。 |
| 學步兒（16-36 個月）和年幼兒童（30-60 個月） |
| • **系列假扮遊戲 (Sequence pretending)**：（這可以是一系列的相同活動，也可以是圍繞主題的一系列活動。）相同活動的例子：餵食玩偶 / 自己 / 成人，梳玩偶 / 自己 / 成人的頭髮，讓玩偶 / 自己 / 成人睡覺，給玩偶 / 自己 / 成人打電話。主題的例子：餵食的一系列活動，睡覺的一系列活動，洗澡的一系列活動，熨燙衣服的一系列活動等。 |

McConkey（無日期）

有趣的是，要注意語言發展是如何與遊戲緊密相連的，這正是支持使用遊戲促進幼兒語言發展的觀念（請看範例和子量表 5 的補充信息：評估學習和語言，項目 14：評估語言發展，指標 7.1.「教師認識到支持兒童遊戲能有效地促進語言發展。他們觀察到為兒童的學習搭建鷹架並幫助兒童與他人進行更多互動、進行更複雜的想像遊戲的效果」）。

上面的表格讓我們看到，兒童通常在前語言表徵階段（pre-symbolic language stage）進行探索遊戲，並使用口語和手勢來表明他們的需要。那些參與關係遊戲的兒童正處於符號表徵階段（symbolic stage），他們可以對語言進行解碼，並開始有意義地使用詞語。那些參與自我假扮遊戲的兒童仍處於自我中心階段（也就是說，通常在遊戲中他們自己處於中心的角色，而不是玩偶或者其他玩具成為主要的主題、英雄等），但是他們正在拓展能夠使用的單詞數量。當他們達到玩偶假扮 / 其他假扮的分散進行的遊戲時，他們開始把單詞結合成兩個單詞的句子，隨著參與系列假扮遊戲，他們也開始用多個單詞的句子交談。思維的複雜性與遊戲、語言的使用似乎都有聯繫，這可以有效地應用於實踐。

### 4c. 遊戲：幼兒的戲劇性和社會–戲劇性遊戲發展

隨着兒童的遊戲日漸成熟，當兒童有機會在遊戲中想像時，更複雜的戲劇性（單獨）和社會–戲劇性（與一個或者更多的遊戲夥伴）遊戲會經常出現。這並不是說幼兒不參與這種類型的遊戲——許多兒童會自然而然地選擇這樣做，其他兒童則會在得到成功支持下這樣做。SSTEW 評量表支持兒童以他們自己的遊戲水平以及略微超出他們的遊戲水平進行遊戲活動，由此為他們的學習搭建鷹架。

Wood and Attfield（2005 年）認為兒童在戲劇性和社會–戲劇遊戲性中表現出很多技能、品質和能力。他們就這些技能、品質和能力制定出一個框架——不是用來分等級或檢核，而是面對遊戲的複雜性成為具有專業敏感性的從業者的一種方式，包括認識到在遊戲的不同階段兒童的社交、情緒和認知需求，它還是發展個人遊戲計劃時有用的指引。依據 Wood and Attfield（同上）的框架制定出了下面的框架（詳見表 6）。與原版一樣，這個框架的設計不是用作檢核的，而是對評估和計劃遊戲的類型作出指導。與 SSTEW 評量表相關的是，我們希望這個框架可以作為在戲劇性和社會–戲劇性遊戲中發現典型發展方面的指引，並且從業者可以使用它來支持學習領域的發展。

表 6 說明戲劇和社會–戲劇性遊戲可以如何支持兒童在認知、社交情緒和動作發展領域的學習，對於那些希望支持和拓展兒童遊戲和學習的從業者來說，它還可以是一份備忘錄。通過 SSTEW 評量表，我們認為實踐可以同時提升兒童的自我規範和元認知能力（2-5 歲）。遊戲中，以合適的時機互動、互動中所扮演的角色、運用的語言，在持續共享思維中是非常重要的，這三方面對支持兒童的學習與思考是有作用的。

> **注意：早期階段的評估**
>
> SSTEW 評量表的最後一個子量表考慮了早期教育和照顧實踐的評估（請參閱 Glazzard 等，2010 年：Nutbrown 和 Carter，2010 年；Nutbrown，2011 年）。這些指標與對學習作出評估和為學習作出評估都是有聯繫的，並強調後者（Black 等，2003 年）。這些指標如何聯繫實踐並作為研究的基礎和根據，連同進一步的說明和實例在金斯頓和西拉傑的著作中會詳細討論（即將出版）。

**表 6：戲劇性和社會–戲劇性遊戲的框架**

| 認知方面：記憶、注意、想像、創造和信息加工 | 認知方面：溝通和語言 | 社交情緒方面 | 動作發展等 |
|---|---|---|---|
| • 運用記憶來發展遊戲<br>• 仔細觀察<br>• 改變物體、材料、環境和動作<br>• 距離（進入和退出遊戲）<br>• 排練（角色、動作）和引導或管理自己的遊戲<br>• 保持並發展角色 / 遊戲<br>• 運用想像力、創造力來結合和重組思路<br>• 創造、識別和解決問題<br>• 揭示動機、需要和興趣<br>• 使用元認知策略——預測、監控、檢查、反思和評估<br>• 冒險、提煉想法、編輯作品 / 產品<br>• 區別想像和現實<br>• 將想像和現實結合起來 | • 界定一個主題——人物、情節和順序（故事）<br>• 溝通表徵思維（使用語言、標誌、符號和手勢）<br>• 溝通扮演內容 / 元信息交流（界定角色和行為，傳達意義和目的）<br>• 在小組和大組中與同伴和成人溝通<br>• 使用描述性語言溝通經驗、感受和想法，準確地組織、說服和呈現<br>• 使用專門術語來描述和分析經驗（例如，數學的、科學的和技術的） | • 協商一個遊戲框架（設立環境和規則）<br>• 提出想法並傾聽他人意見<br>• 為共同的目標協商並合作<br>• 排練（角色，行為）和指導或管理遊戲中的其他人<br>• 允許他人指導和管理<br>• 對他人表示同情<br>• 使用解決衝突的策略<br>• 傾聽、合作、修正和拓展想法<br>• 尋求成人 / 同伴的幫助<br>• 管理自己的情感和情緒<br>• 通過不同媒介，對經驗有情感地回應，口頭表達情感<br>• 與同性或異性建立友誼 | • 使用大肌肉活動技能（依賴於遊戲）<br>• 在探索、控制和操作材料時使用小肌肉活動技能<br>• 通過不同的媒介表達想法（繪畫、造型、寫作、構建和佈局等）<br>• 將材料和資源結合起來<br>• 使用各種工具來協助探索<br>• 享受感官體驗 |

研發自 Wood 和 Attfield，2005 年

## 持續共享思維和情緒健康（SSTEW）評量表的聯合觀察 / 評分者之間的信度

觀察的中心：＿＿＿＿＿＿＿＿＿＿＿＿ 日期：＿＿＿＿＿＿＿＿＿＿＿＿＿＿

兒童小組 / 房間：＿＿＿＿＿＿＿＿＿＿＿ 教師 / 從業者：＿＿＿＿＿＿＿＿＿＿＿＿＿＿＿＿＿＿

觀察者：＿＿＿＿＿＿＿＿＿＿＿＿＿＿＿＿＿＿

| 觀察者姓名 | | | | | 商定的最後分數 |
|---|---|---|---|---|---|
| 建立信任感、自信心和獨立性 | | | | | |
| 1. 自我規範和社會性發展 | | | | | |
| 2. 鼓勵選擇和獨立遊戲 | | | | | |
| 3. 規劃小組和個別互動或成人計劃的活動 | | | | | |
| 社會性和情緒健康 | | | | | |
| 4. 支持社會性和情緒健康發展 | | | | | |
| 支持並拓展語言和溝通能力 | | | | | |
| 5. 鼓勵兒童與他人交談 | | | | | |
| 6. 教師積極傾聽兒童並鼓勵兒童傾聽 | | | | | |
| 7. 教師支持兒童使用語言 | | | | | |
| 8. 具有專業敏感性的回應 | | | | | |
| 支持學習和批判性思維 | | | | | |
| 9. 支持好奇心和解決問題 | | | | | |
| 10. 通過講故事、分享書籍、唱歌和韻律活動鼓勵持續共享思維 | | | | | |
| 11. 鼓勵在研究和探索中持續共享思維 | | | | | |
| 12. 支持兒童的概念發展和高階思維 | | | | | |
| 評估學習和語言 | | | | | |
| 13. 運用評估來支持和拓展學習和批判性思維 | | | | | |
| 14. 評估語言發展 | | | | | |

# 參考文獻

Bakeman, R. and Brownlee, J. (1982) 'The strategic use of parallel play: A sequential analysis'. *Child Development, 51, 873-8.*

Baumrind, D. (1989) 'Rearing competent children'. In W. Damon (ed.), *Child Development Today and Tomorrow.* San Francisco: Jossey-Bass.

Black, P., Harrison, C., Lee, C., Marshall, B., and Wiliam, D. (2003) *Assessment for Learning, Putting It into Practice.* Maidenhead: Open University Press.

Broadhead, P., Howard, J., and Wood, E. (eds) (2010) *Play and Learning in the Early Years.* London: Sage.

Burchinal, M., Peisner-Feinberg, E., Pianta, R., and Howes, C. (2002) 'Development of academic skills from preschool through second grade: Family and classroom predictors of developmental trajectories'. *Journal of School Psychology,* 40 (5), 415-36.

Burchinal, M., Nelson, L., Carlson, M., and Brooks-Gunn, J. (2008) 'Neighborhood characteristics, and child care type and quality'. *Early Education & Development,* 19 (5), 702-25.

Cooper, J., Moodley, M., and Reynell, J. (1978) *Helping Language Development: A developmental programme for children with early learning handicaps.* London : Edward Arnold.

CWDC (Children's Workforce Development Council) (2010) 'On the Right Track: Guidance to the standards for the award of early years professional status'. Online. *http://webarchive. nationalarchives. gov.uk/20110908152055/http://www. cwdcouncil.org.uk/ assets/0000/9008/Guidance_To_Standards.pdf* (accessed September 2014).

Daglar, M., Melhuish, E., and Barnes, J. (2011) 'Parenting and preschool child behaviour amongst Turkish immigrant, migrant and non-migrant families'. *European Journal of Developmental Psychology, 8, 261-79.*

Daniels, D.H. and Clarkson, P.K. (2010) *A Developmental Approach to Educating Young Children.* London: Sage.

DEEWR (Department of Education, Employment and Workplace Relations) and CAG (Council of Australian Governments) (2009) 'Belonging, Being and Becoming: The early years learning framework for Australia'. Online. http://docs. education.gov.au/system/files/doc/other/belonging_being_ and_becoming_the_early_years_learning_ framework_for_ australia.pdf (accessed September 2009).

Doherty, J. and Hughes, M. (2014) *Child Development Theory and Practice 0-11,* 2nd ed. Harlow: Pearson Education.

Durkin, K. (1995) *Developmental Social Psychology: From infancy to old age.* Oxford: Blackwell.

Early Education (2012) 'Development Matters in the Early Years Foundation Stage'. Online. www.foundationyears.org.uk /files/2012/03/Development-Matters-FINAL-PRINT-AMENDED. pdf (accessed September 2014).

Glazzard, J., Chadwick, D., Webster, A., and Percival. J. (2010) *Assessment for Learning in the Early Years Foundation Stage.* London: Sage.

Harms, T., Clifford, R.M., and Cryer, D. (2005) *Early Childhood Environment Rating Scale—Revised Edition* (ECERS-R). New York: Teachers College Press.

Harms, T., Clifford, R.M., and Cryer, D. (2003) *Infant/Toddler Environment Rating Scale* (ITERS-R). New York: Teachers College Press.

HighScope (2014) 'Social Development'. Online. www.highscope.org/Content.asp?ContentId=294 (accessed 12 September 2014).

Howes, C., Burchinal, M., Pianta, R., Bryant, D., Early, D., Clifford, R., and Barbarin, O. (2008) 'Ready to learn? Children's pre-academic achievement in pre-Kindergarten programs'. *Early Childhood Research Quarterly*, 23, 27-50.

Keenan, T. and Evans, S. (2009) *An Introduction to Child Development*, 2nd ed. London: Sage.

Kingston, D. and Siraj, I. (forthcoming) *Powerful Pedagogies: Enhancing quality interactions and well-being through early childhood education*. London: IOE Press.

Kohlberg, L. (1969) 'Stage and sequence: The cognitive developmantal approach to socialisation'. In D.A. Goslin (ed.), *Handbook of Socialisation Theory and Research*. Chicago: Rand McNally.

Mashburn, A.J., Pianta, R.C., Hamre, B.K., Downer, J.T., Barbarin, O.A., Bryant, D., Burchinal, M., Early, D., and Howes, C. (2008) 'Measures of classroom quality in prekindergarten and children's development of academic, language, and social skills'. *Child Development*, 79 (3), 732-49.

McConkey (no date) Closest reference: Jeffree, D.M., McConkey, R., and Hewson, S. (1977) *Let Me Play*. London: Souvenir Press.

Melhuish, E.C. (2004) *Child Benefits: The importance of investing in quality childcare*. London: Daycare Trust.

Moyles, J. (ed.) (2010) *The Excellence of Play*. Maidenhead: Open University Press.

Nutbrown, C. (2011) 'Chapter 9: Assessment for learning'. In C. Nutbrown, *Threads of Thinking*, 4th ed. London: Sage.

Nutbrown, C. and Carter, C. (2010) 'Watching and listening: The tools of assessment'. In G. Pugh and B. Duffy (eds), *Contemporary Inssues in the Early Years*, 5th ed. London: Paul Chapman Publishing.

Parten, M. (1932) 'Social participation among pre-school children'. *Journal of Abnormal and Social Psychology*, 27, 243-69.

Phillipsen, LC., Burchinal, M.R., Howes, C., and Cryer, D. (1997) 'The prediction of process quality from structural features of child care'. *Early Childhood Research Quarterly*, 12, 281-303.

Piaget, J. (1932) *The Moral Judgement of the Child*. Harmondsworth: Penguin.

Raver, C., Garner, P., and Smith-Donald, R. (2007) 'The roles of emotional regulation and emotional knowledge for children's academic readiness: Are there causal links?' In R. Pianta, M. Cox, and K. Snow (eds), *School Readiness and the Transition to Kindergarten in the Era of Accountability*. Baltimore: Paul H. Brookes.

Saarni, C., Mumme, D.L., and Campos, J.J. (1998) 'Emotional development: Action, communication and understanding'. In W. Damon (gen. ed.) and N. Eisenberg (vol. ed.), *Handbook of Child Psychology: Vol. 3. Social, emotional, and personality development*. New York: Wiley.

Siraj, I. and Asani, R. (2015) 'The role of sustained shared thinking, play and metacognition in young children's learning'. In S. Robson and S. Quinn (eds), *The Routledge International Handbook of Young Children's Thinking and Understanding*. London: Routledge.

Siraj-Blatchford, I. (2009) 'Conceptualising progression in the pedagogy of play and sustained shared thinking in early childhood education: A Vygotskian perspective'. *Educational and Child Psychology*, 26 (2), 77-89.

Siraj-Blatchford, I., Sylva, K., Muttock, S., Gilden, R., and Bell, D. (2002) *Researching Effective Pedagogy in the Early Years (REPEY): DfES Research Report 356*. London: DfES.

Sroufe, L.A. (1996) *Emotional Development. The Organisation of Emotional Life in the Early Years*. New York: Wiley.

Study of Early Education and Development (SEED). Online. www.seed.natcen.ac.uk/ (accessed September 2014).

Sylva, K., Melhuish, E., Sammons, P., Siraj-Blatchford, I., and Taggart, B. (2004) *Effective Pre-school Provision*. London: DfES.

Sylva, K., Siraj-Blatchford, I., and Taggart, B. (2010) *Assessing Quality in the Early Years: Early Childhood Environment Rating Scale—Extension (ECERS-E): Four curricular sub-scales*, rev. 4th ed. New York: Teachers' College Press.

Thomas, S. (2008) *Nurturing Babies and Children Under Four*. London: Heinemann.

Walsh, D. (2005) 'Developmental theory and early childhood education: Necessary but not sufficient'. In N. Yelland (ed.), *Critical Issues in Early Childhood Education*. Maidenhead: Open University Press.

Weitzman, E. and Greenberg, J. (2002) *Learning Language and Loving It*. Toronto: Hanen Centre.

Whitebread, D. (2012) *Developmental Psychology and Early Childhood Education*. London: Sage.

Wood, E. and Attfield, J. (2005) *Play, Learning and the Early Childhood Curriculum*, 2nd ed. London: Sage.